新型职业农民培训 系列教材

现代小麦栽培实用技术

● 武月梅　王瑞华　主编

中国农业科学技术出版社

图书在版编目（CIP）数据

现代小麦栽培实用技术／武月梅，王瑞华主编.—北京：
中国农业科学技术出版社，2014.6
（新型职业农民培训系列教材）
ISBN 978-7-5116-1665-4

Ⅰ.①现… Ⅱ.①武…②王… Ⅲ.①小麦–栽培技术–
技术培训–教材 Ⅳ.①S512.1

中国版本图书馆 CIP 数据核字（2014）第 113683 号

责任编辑	徐 毅
责任校对	贾晓红

出 版 者	中国农业科学技术出版社
	北京市中关村南大街 12 号 邮编：100081
电 话	(010)82106631(编辑室) (010)82109702(发行部)
	(010)82109709(读者服务部)
传 真	(010)82106631
网 址	http://www.castp.cn
经 销 者	各地新华书店
印 刷 者	北京富泰印刷有限责任公司
开 本	850mm×1168mm 1/32
印 张	3.875
字 数	100 千字
版 次	2014 年 5 月第 1 版 2014 年 5 月第 1 次印刷
定 价	13.00 元

新型职业农民培训系列教材

《现代小麦栽培实用技术》

编 委 会

主　任　闫树军

副主任　张长江　卢文生　石高升

主　编　武月梅　王瑞华

编　者　陈志贤　崔　宏　姜　力

　　　　姜太昌　兰凤梅　李泉杉

　　　　刘彦侠　马桂敏　史　策

　　　　杨　静　袁瑞玲　张　彪

　　　　张晓颖　赵俊兰

序

　　我国正处在传统农业向现代农业转化的关键时期，大量先进的农业科学技术、农业设施装备、现代化经营理念越来越多地被引入到农业生产的各个领域，迫切需要高素质的职业农民。为了提高农民的科学文化素质，培养一批"懂技术、会种地、能经营"的真正的新型职业农民，为农业发展提供技术支撑，我们组织专家编写了这套《新型职业农民培训系列教材》丛书。

　　本套丛书的作者均是活跃在农业生产一线的专家和技术骨干，围绕大力培育新型职业农民，把多年的实践经验总结提炼出来，以满足农民朋友生产中的需求。图书重点介绍了各个产业的成熟技术、有推广前景的新技术及新型职业农民必备的基础知识。书中语言通俗易懂，技术深入浅出，实用性强，适合广大农民朋友、基层农技人员学习参考。

　　《新型职业农民培训系列教材》的出版发行，为农业图书家族增添了新成员，为农民朋友带来了丰富的精神食粮，我们也期待这套丛书中的先进实用技术得到最大范围的推广和应用，为新型职业农民的素质提升起到积极地促进作用。

2014 年 5 月

前　言

　　小麦是廊坊市的主要粮食作物，种植历史悠久，可追溯到西周时期。由于受技术水平、生产条件、气象因素等限制，小麦生产发展一直比较缓慢，直到新中国成立后才得到快速发展。特别是自 2004 年以来，国家相继取消农业税，出台落实各项惠民政策，推广一系列粮食重大科技工程，使全市小麦单产、总产水平得到快速提高。2013 年廊坊市小麦实现了连续 10 年丰产，共收获小麦 113.85 万亩，平均亩产为 377.4kg，创历史新高。

　　为提高基层农技推广人员及农民的科技水平，普及现代小麦生产科技知识，促进廊坊小麦生产更好更快发展，作者在参阅大量参考文献的基础上，撰写了《现代小麦栽培实用技术》一书，该书立足廊坊市小麦生产实践，以实用栽培技术为重点，全书共设七章。第一章概述河北省、廊坊市小麦生产情况。第二章从生育时期、器官建成、外部条件、田间调查等方面简述小麦栽培生物学基础。第三章介绍小麦需水需肥规律。第四章对小麦规范化播种、冬前、春季、后期管理等实用技术进行详述。第五章、第六章介绍本区域麦田病虫草害及气象灾害发生及防治。第七章介绍当前本市小麦生产中优良品种。后附市级地方标准《中麦 175 高产栽培技术规程》一部。本书深入浅出，适合广大基层农技推广人员和农民阅读。

　　限于作者水平，书中不妥之处还望广大读者指正。

作者

2014 年 5 月

目　　录

第一章 冬小麦生产概况

第一节 河北省冬小麦生产概况

小麦是世界上最早栽培的植物之一，也是目前全世界栽培面积最大、分布范围最广、总产量最高、贸易额最多的粮食作物。在中国，小麦与水稻、玉米并列为三大作物，是最重要的商品粮和战略性安全储备粮。

一、河北小麦生产基本情况

河北省是全国小麦生产的 13 个主要省份之一，位居第三。小麦常年播种面积 3 600 万亩左右，年总产约 1 250 万 t，总产量占全国小麦总产的 13% 左右。河北省小麦生产资源禀赋优越，光热资源充足，加之先进科研成果的推广应用，特别是随着优良品种、集成增产技术的推广应用，小麦单产水平不断提高，近 5 年全省小麦平均单产达 348.87kg。其中，2012 年全省 3 606.6 万亩小麦，平均亩产 370.62kg，单产比 2001 年提高 80.49kg，提高了 27.7%。小麦在确保国家粮食安全、促进农业增效农民增收、实现全省粮食生产十连增发挥了基础性作用。2011 年，国务院办公厅发布《粮食稳定增产行动意见》即全国新增 500 亿 kg 粮食生产能力的规划中，河北省新增任务 20.5 亿 kg，占全国的 4.1%，其中，河北省小麦增产任务 5 亿 kg，占全国小麦增产任务的 5.9%。这说明河北省小麦生产具有十分重要的战略意义，

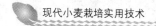

同时，又担负着国家使命。

二、河北小麦分区

河北省地处华北平原北部，境内有平原、洼地、滨海平原、山地丘陵、高原等多种地貌类型，气候条件和种植制度、小麦生产水平等方面存在较大差异。按照陈秀敏等主编的《河北小麦》一书将河北省小麦分为 5 个类型区。

河北低平原冬麦区（Ⅰ区）：小麦总面积约 1 950 万亩（1 亩 ≈ 667m²，15 亩 = 1hm²，全书同），约占河北省总小麦种植面积的 50%。产量水平约 320kg/亩。包括衡水市、沧州市的全部和邢台市、邯郸市的大部和廊坊市部分县市。

太行山山前平原冬麦区（Ⅱ区）：小麦总面积约 1 125 万亩，约占河北省总小麦面积的 30%。生产条件和产量水平为全省最高地区，平均亩产量在 400kg 以上。

太行山浅山丘陵冬麦区（Ⅲ）：小麦总面积约 270 万亩，约占河北省总小麦面积的 7%。产量水平约 280kg/亩。包括河北省沿太行山西部的涞源、阜平、井陉等山区县，自然和生产条件较差，为河北小麦低产区。

冀东平原冬麦区（Ⅳ区）：小麦总面积约 345 万亩，约占河北省总小麦面积的 9%。产量水平约 350kg/亩。包括唐山、秦皇岛两市的全部，廊坊的香河、三河、大厂回族自治县。

冀北春麦区（Ⅴ区）：春小麦总面积约 120 万亩，占全省总小麦面积的 3%。包括张家口、承德两市，分为坝上高原山地和冀北的宣化、怀来和承德 3 个盆地。其中，水地约占 30%，旱地约占 70%。水地单产一般 200~250kg/亩，旱地小麦一般单产 100~200kg/亩。

三、河北小麦产业发展方向

河北省位于黄淮海专用小麦优势产业带，光热资源丰富，降水量较少，土壤肥沃，生产条件较好，非常有利于小麦蛋白质和面筋的形成和积累，是全国发展优质强筋小麦最适宜的地区之一。全省优质专用小麦向太行山山前平原区的邯郸、邢台、石家庄、保定等市优势产区集中。初步形成了以京山、京广铁路沿线为重点的优质专用小麦产业带，产业带内优质专用小麦种植面积占全省优质专用小麦的75%以上。

第二节　廊坊市冬小麦生产概况

一、廊坊市自然气候条件

廊坊市地处河北省中北部，土地资源比较丰富，除北部极少部分的低山丘陵外，98%的土地为平原，地势平坦开阔，土层深厚，土壤类型多样，适宜种植多种作物。从气候类型上看，廊坊市属暖温带半湿润大陆性季风气候，四季分明，光照充足，雨热同季。全市年平均气温（1971～2000年）为11.9℃，一月最冷，月平均气温为﹣4.7℃，7月最热，月平均气温为26.2℃。全市早霜一般始于10月中、下旬，晚霜一般止于翌年4月中、下旬，年平均无霜期为183天左右。全市年平均降水量（1971～2000年）为554.9mm，但降水季节分布不均，多集中在夏季，6～8月降水量一般可达全年总降水量的70%～80%。全市年平均日照时数（1971～2000年）在2 660h左右，每年5～6月日照时数最多。与此同时，本市气象灾害也比较多，易发春旱、倒春寒、干热风、雷雨、冰雹大风、连阴雨、寒潮等灾害性天气，常给农业生产造成不利影响。

按河北省小麦分区，廊坊市的固安、安次、永清、霸州、文安、大城六县市属河北低平原冬麦区（Ⅰ区），香河、三河、大厂回族自治县属冀东平原冬麦区（Ⅳ区）。

廊坊市小麦位于冀北麦区，属国家黄淮海专用小麦优势产业带，境内生产的小麦一般蛋白质含量高、筋力强，是加工成馒头、面条、饺子等大众食品的良好小麦来源。因此，在这一地区适宜发展中筋、中强筋、强筋类小麦。

二、小麦生产概况

（一）面积、产量

小麦是廊坊市的主要粮食作物，种植历史悠久，可追溯到西周时期，秦、汉、唐时逐步增加，至民国时期已达一定面积。由于受技术水平、生产条件、气象因素等限制，小麦生产发展一直比较缓慢，直到新中国成立后才得到快速发展，其中，种植面积最高年份为1978年的327.23万亩，但单产水平比较低，单产首次突破100kg，达137kg。到20世纪90年代，随着品种的更替及技术水平的不断提高，廊坊市小麦的单产、总产快速提升，1995年单产首次突破300kg大关，1997年单产、总产成为20世纪的最好年份，分别是369kg/亩和97万t，并且三河、香河、大厂和固安四县均成为吨粮县，实现了小麦玉米上下两茬亩产达1 000kg。2000年以来，随着全市种植业结构的调整和市场价格的进一步放开，小麦面积有所下降，但单产处于上升势态。特别是自2004年以来，国家相继取消农业税，出台落实各项惠民政策，以及粮食重大工程的技术推广，到2013年全市实现了小麦连续10年丰产，共收获小麦113.85万亩，平均亩产为377.4kg，创历史新高。标志着廊坊市小麦整体生产能力在不断提高（表1-1）。

表 1-1　2004～2012 年廊坊市小麦面积、总产表

年份	小麦 （万亩）	占粮食总 播面（%）	总产 （万 t）	占粮食总产 （%）
2004	129.6	30.7	46.16	31.0
2005	163.86	34.3	56.29	33.8
2006	166.90	34.7	57.89	32.9
2007	145.49	30.5	51.22	29.9
2008	139.49	30.3	51.15	28.8
2009	135.30	28.9	50.4	26.9
2010	139.77	29.3	52.03	27.0
2011	139.97	29.3	51.51	26.6
2012	135.43	28.8	50.6	27.4

来自廊坊市统计年鉴

　　2004—2012 年，廊坊市小麦种植面积在 130～170 万亩，总产 50 万～57 万 t，面积、总产约占全市粮食作物面积、总产的 1/3，详见下图所示。

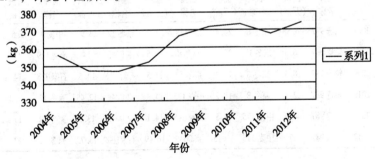

图　廊坊市 2004～2012 年廊坊市小麦单产变化曲线

　　单产最能体现一个地方的生产水平，廊坊市小麦单产水平逐年提高，近几年在 370kg 左右，但和省内其他地市相比还需进一步提高。

（二）品种沿革

廊坊市种植的小麦品种，从新中国成立之初的小红芒、大白芒、大红皮、华北 187，到 20 世纪 60～70 年代的北京 5 号、北京 6 号、东方红、北京 10 号、农大 139 等，从 20 世纪 80 年代的丰抗号系列小麦至 90 年代早期种植的北京 837、京 411、京冬 6 号、津麦 2 号及 90 年代中后期的京冬 8 号、京 9428、中优 9507 等，发展到目前的如轮选 987、京冬 12、京冬 17、中麦 175、石家庄 8 号等品种，每一次品种的变化，都大大提高了小麦单产的水平，也正是品种的产量、品质、综合抗性等方面的提高，使廊坊市小麦产量水平稳步提升，从 20 世纪 90 年代末的 330～340kg 到现阶段的 360～370kg，也为全市小麦均衡增产奠定了基础。表 1－2 为廊坊市近年（2007～2012 年）种植面积排名前五位的品种情况。

表 1－2　2007～2012 廊坊市小麦播种面积排名前五位的品种表

年份	排位第一		排位第二		排位第三		排位第四		排位第五	
	品种名称	面积（万亩）	品种名称	面积（万亩）	品种名称	面积（万亩）	品种名称	面积（万亩）	品种名称	面积（万亩）
2007	轮选 987	46.58	京冬 8	24.4	京 9428	21.15	京冬 12	14.97	中麦 9	5.6
2008	轮选 987	26.5	京冬 12	23.8	京冬 8	15.5	京 0045	14	沧麦 119	9
2009	轮选 987	18.3	京冬 8	16.2	京冬 12	15.5	石新 616	14.5	石家庄 8	14
2010	轮选 987	27	京冬 8	18.2	中麦 175	14.3	京 0045	12.45	京冬 12	11.2
2011	轮选 987	40.9	中麦 175	14.5	石家庄 8	14.1	京 0045	13.3	京冬 12	11
2012	轮选 987	37	中麦 175	17.13	京 0045	16.19	石家庄 8	13.73	京冬 12	13

三、2000 年以来小麦生产上大力示范推广的技术

首先是品种方面的示范推广。品种对农作物增产的贡献率达 30%～40%。近年来，廊坊市在小麦生产上大力示范推广了高

产、稳产、抗性强的优良品种，从 2000 年以来的京 9428、京冬 8 号、中麦 9 号等到现阶段如轮选 987、北京 0045、中麦 175、京冬 12、京冬 17、石家庄 8 号等，正是这些综合抗性强的、高产稳产的品种的大面积推广应用，为廊坊市小麦生产水平稳步提升发挥了基础性作用。

其次，在推广优良品种的同时，大力示范推广了小麦、玉米"三高一低"栽培技术，小麦高产田持续高产稳产栽培技术；2006 年以来，全市着力示范推广了小麦节水技术、适期晚播技术、隔年深耕（深松）技术，规范化播种技术、播后镇压技术、测土配方平衡施肥技术以及综合除治病虫草害等重大集成增产技术措施，为全市小麦获得自 2004 年以来的"十连丰"提供了重要的技术支撑。

目前，廊坊市在小麦生产上，正承接着国家、省、市级重大农业生产工程建设任务，包括国家粮食丰产科技工程辐射区建设、万亩高产示范创建、河北省现代小麦产业技术体系黑龙港区综合试验站建设、市级标准粮田建设等项任务。

第二章　冬小麦栽培生物学基础

第一节　生育期与生育时期

一、生育期

小麦属禾本科、长日照作物，自花授粉，籽粒可留种。小麦的一生是指从种子萌发到产生新的种子。从出苗到成熟所有历经的时期称为生育期。冬小麦生育期比较长，约 230～260 天。在整个生育期内小麦经历了营养生长、营养生长和生殖生长并进、生殖生长 3 个阶段。与物候期相对应，从播种出苗到拔节为营养生长阶段；从拔节到抽穗，是营养生长和生殖生长并进阶段；抽穗到成熟为生殖生长阶段。

二、生育时期及田间诊断标准

冬小麦从外部形态到内部发育均发生着由量变到质变的过程，根据这些变化，栽培学上一般将小麦一生划分为出苗、三叶、分蘖、越冬、返青、起身、拔节、孕穗、抽穗、开花、成熟共 11 个生育时期。以河北廊坊市为例，目前，小麦各生育时期大体对应的时间是：10 月上中旬为播种出苗期，11 月下旬至翌年 2 月底为越冬期，3 月初进入返青期，3 月下旬起身期，4 月中旬拔节期，5 月上旬抽穗期，5 月中旬开花期，6 月中旬成熟期。各时期田间判断指标如下。

出苗期：全田半数以上第一真叶（绿叶）伸出胚芽鞘2cm左右。

三叶期：全田半数以上麦苗主茎第三叶伸出叶鞘2cm左右。

分蘖期：全田半数以上麦苗第一分蘖伸出叶鞘2cm左右。

越冬期：冬前日平均气温稳定在0℃以下，植株停止生长。

返青期：春季气温回升，全田半数以上麦苗心叶新长部分达2cm左右。

起身期：全田半数以上麦苗主茎和大分蘖叶鞘显著拉长，春2叶伸出，春1叶与越冬叶的叶耳距达到1.5cm左右。

拔节期：春生第三叶展开，第四叶露尖，茎基部第一伸长节间将近定长，第二伸长节间迅速伸长时，当伸长的节间伸出地面1.5～2.0cm时称为拔节。全田50%的主茎达到此标准时定为拔节期。麦苗主茎与大分蘖茎节伸出地面2cm左右，用2个手指可触及。

孕穗期：全田半数以上的植株旗叶与倒二叶耳相距4～5cm。

抽穗期：全田半数以上穗子从旗叶鞘中抽出穗总长度（不包括芒）的1/3。

开花期：全田半数以上麦穗中部、上部开始开花，露出黄色花药。

成熟期：大部分籽粒变黄，用指甲掐断而不变形。

三、产量构成

小麦产量是由亩穗数、每穗粒数、千粒重三方面因素构成的。一亩地的产量用三者相乘之积来表示。其中，亩穗数在小麦抽穗后就确定下来，而穗粒数是在小麦开花的一周后左右的时间内定下的。因为开花后，能授粉的小花发育成籽粒，而未授粉的小花在开花后3天左右就停止发育，所以，开花一周后每穗粒数就基本定下来了。千粒重是小麦收获后进行晾晒实测获得。因此，小麦生长后期的自然灾害、病虫害等对小麦产量的影响比较大，主要影响了产量三要素中的两项即穗粒数和千粒重。

廊坊市目前麦田一般平均亩穗数为 38 万 ~40 万穗；穗粒数在 25 ~27 个粒，近两年略高达到 28 个粒，千粒重在 40g 左右，全市平均亩产 350 ~380kg。在省内排位第 6 ~7 位。

第二节　冬小麦的器官建成

小麦一生中，随着不同生育时期植株内部由量变到质变的生理变化，表现在外部根、蘖、叶、茎、穗和籽粒逐渐形成，这就是小麦的器官建成。

一、根

（一）根的功能

小麦的根系属须根系，不仅担负着植株所需的全部水分和无机营养的吸收功能，而且也是地上部株体生长发育和活力强弱的根基。尤其在小麦生长后期，根系的活力对获得高产具有十分重要的作用。

（二）根的种类

小麦根系由初生根（种子根）和次生根（也叫节根、不定根）两部分组成。

1. 初生根

当种子萌发至第一叶出土后，所生成的根统称为初生根，以后初生根的数目一般不再增加，通常为 3 ~5 条，多者达 7 ~9 条。若条件适宜，小麦越冬前初生根每昼夜可长 1.5 ~2cm，到越冬前其长度可达 50 ~60cm，拔节时，初生根入土深度可达 3m 以下，拔节后不再生长。

2. 次生根

着生在小麦分蘖节上，与分蘖发生的顺序相同，一般每节发根 1~3 条。当幼苗生长 4 片叶子时，地中茎以上的节上，突破第一叶片的叶鞘发出幼根，同时，也长出第一个分蘖，以后根节位向上推移，根数不断增加。次生根的生长一直延续到开花期。小麦根系多分布集中在 20~30cm 的土壤耕层中。

二、分蘖

形成分蘖是小麦的重要生物学特征之一。分蘖数量的多少、壮弱是决定群体结构好坏和个体发育健壮程度的重要标志。

（一）分蘖的功能

1. 分蘖穗是构成产量的重要组成部分

单位面积穗数由主茎穗和分蘖共同构成。一般大田生产条件下，分蘖成穗占 0%~30%，高产田中分蘖穗成为其成穗的主体，分蘖成穗可达 50% 以上。分蘖质量越好，分蘖成穗率越高。

2. 大分蘖是成穗的保证

在适宜的播期播量范围内，蘖位越低的大蘖成穗率越高。分蘖质量好，干物质积累越多，成穗的概率越大，一般冬前三叶大蘖成穗率均在 80% 以上。

3. 分蘖具有调节作用

无论小麦播种的早晚、群体的大小、株间的稀密等，小麦的分蘖都有一定的适宜性和调节作用。因而对保证单位面积的产量相对稳定有积极作用。

4. 分蘖具有再生作用

当主茎和分蘖受到意外伤害时，如受冻、被牲畜啃吃等，只要分蘖节不死，仍可再生成穗并有一定产量。

5. 分蘖有养分储存功能

在小麦越冬前分蘖节储存积累大量糖分，细胞液浓度增大、冰点降低，可使麦苗抵抗和忍耐低温，实现安全越冬。

（二）分蘖发生规律

一般小麦分蘖适宜温度为 13～18℃，低于 2～4℃停止分蘖，高于 18℃则受到抑制。有时干旱、播种过深等原因，也会出现分蘖不出、发生空位的现象。

小麦分蘖与主茎叶片出现有同伸关系。主茎长出第 4 片叶子时，在主茎第一叶腋处长出一个分蘖，叫第一个一级分蘖。以后主茎每长出一片新叶时，依次出现一个一级分蘖；当分蘖长出第三片叶时，同时，又长出一个二级分蘖。根据这一规律，主茎叶龄与分蘖具有数列的同伸关系：

主茎叶龄：　　　　　3　4　5　6　7　8……
分蘖数（含主茎）　　1　2　3　5　8　13……

即小麦主茎为 5 片（含）以上的叶龄时，其分蘖数（含主茎）为前两个叶片时分蘖数（含主茎）之和。

三、叶片

（一）叶的功能与构造

叶片不仅是小麦进行光合、呼吸、制造养分的主要器官，而且还是小麦品种对环境条件反应最敏感的部分。叶片的长势、叶色、叶姿、长相、大小等成为小麦生长发育过程中进行调控的重要指标。一片发育完全的绿叶具有：叶身、叶鞘、叶舌、叶耳、叶枕五部分。盾片（退化叶）、胚芽鞘（不完全叶）、分蘖鞘（不完全叶）、壳（变态叶）是发育不完全的叶。

（二）叶片的类型

按照小麦叶片的着生部位，分为近根叶、茎生中层叶、上层叶。

1. 近根叶

主要指越冬前生成的叶片，在拔节以前定型。通常为主茎

1～6片叶，有时播种较晚、干旱、低温等可造成叶片减少，而早播、冬前温度偏高等因素可达主茎第7片叶。近根叶主要是在冬前及春后促进根、茎、叶的生长及冬前积累糖分，实现抗低温安全越冬。

2. 茎生中层叶

主要指返青至拔节生成的2～4片叶，通常在拔节至孕穗期定型。这组叶片对促进上部叶片的形成、茎的充实度、机械强度以及对穗分化过程中的小穗数、小花的分化与结实关系极大。

3. 上部叶片

主要指最上部的旗叶和旗下叶。其功能是促进花粉正常发育、促进籽粒形成和灌浆。因此，在小麦生长后期浇好灌浆水、落实一喷三防措施，延长其功能、防止早衰是保障产量的重要措施。

四、茎秆

（一）茎秆功能与构造

小麦茎秆具有制造、输送、储存光合产物的作用，还具有在较高穗重情况下支撑麦株而不倒伏的作用。茎秆由节与节间组成。包括地上地下两部分。地下节间不伸长，地上节间从拔节开始伸长，一般为4～6节，多数为5节。

（二）小麦茎秆性状与倒伏

麦田倒伏一般和株高、茎秆韧性、茎部节间长度、茎粗、茎重等有一定关系。植株越高，重心越高，越不抗倒。据中国农业大学研究，一般抗倒的节间长度为：第一节间不超过5cm，第二节间不超10cm，而第一节间长度大于10cm、第二节间长度大于15cm的极易发生倒伏。

五、穗

（一）穗的构造

小麦穗包括两大部分——穗轴和小穗。穗轴由节片组成，每节都着生一枚小穗，一般每小穗的小花数为 3～9 朵，结实 2～3 粒，多的可达 4～6 粒。

（二）穗的分化形成过程

在小麦穗发育过程中，按先后顺序分化为穗轴、小穗、小花、雄蕊雌蕊等。通常分 8 个时期。

1. 生长锥未伸长期（也叫初生期）

未伸长的生长锥是形成幼穗的前身，而不是幼穗，其特征是生长锥宽大于长。冬性品种一般到翌年返青前，始终保持这种状态。

2. 生长锥伸长期

生长锥长大于宽，为幼穗原始体，正常年份冬性品种返青期生长锥才进入伸长期。

3. 单棱期（穗轴节片分化期）

本期形成穗轴节片，持续时期越长，分化的节片越多，为形成大穗打基础。从植株外部长相看，正是年后长出第一片叶时，京津廊地区一般在 3 月上中旬。

4. 二棱期（小穗分化期）

本期是形成小穗的时期。显微镜下观察由二棱性转到二列性。一般年后第二片叶已长出，从外部看，幼苗由匍匐转直立，处起身期，京津廊地区一般在 3 月底至 4 月初。

5. 小花原基分化期

此期分化小花外释和小花的生长点，为小花原基分化期。分化顺序是一般先从中上部小穗开始分化，后波及上下小穗，在同一小穗上则是向顶式。一般年后长出第三片叶，小麦基部第一节间开始伸长，进入拔节始期。

6. 雌雄蕊原基分化期

显微镜下的中上部小穗其内外颖之间形成 3 枝球状突起，这 3 枝球状突起即为雄蕊原基，中间突起为雌蕊原基，此期进入雌雄蕊原基分化期。此时春后第四片叶长出，第一节间长出 1 ~ 2cm，小麦进入拔节期。

7. 药隔分化期

显微镜下随着雌雄蕊原基进一步生长，雄蕊原基沿中部自顶向下出现微凹纵沟，将花药分成 4 个花粉囊，雌蕊原基顶部也分化出两枚柱头原基。此期为药隔分化期。通常一般小麦第五片叶长出，基部第一节间已定长，第二节开始伸长。

8. 四分子形成期

花药进一步发育，形成花粉母细胞，经减数分裂、有丝分裂，形成四分体。此期旗叶全部露出叶鞘，最后两片叶叶耳相距 4 ~ 5cm，进入孕穗期。

总之，小麦穗分化的某一时期都是在相邻两片叶出现的间隔内进行，发育早的品种，靠近前一叶的出现期，发育晚的品种靠近后一叶的出现期。

六、籽粒

(一) 抽穗、开花、受精

华北麦区，一般年份小麦拔节后 25 天左右即可抽穗，高产田块比中低产田晚抽穗 2 ~ 3 天，比旱地麦晚 3 ~ 5 天抽穗。

抽穗后 3 ~ 5 天开花。小麦开花顺序先从穗子的中上部开始，然后波及上部和下部，而同一个小穗先由基部顺序向上发展，即向顶式。一个麦穗开花时间 3 ~ 5 天，全田则需 5 ~ 7 天，这与田块整齐度相关。如果田间整齐度高则开花持续时间相对较短，若田间整齐度差则花期持续较长。小麦昼夜均可开花，但一天之内有两个高峰，即 9：00～11：00 和 15：00～17：00。

小麦属自花授粉作物，天然杂交率一般在 0.4% 以下。因此，小麦可自留种，但要注意，对留种田要在小麦抽穗后进行提纯复壮，以保证纯度。

（二）籽粒形成、灌浆、成熟

华北麦区，小麦从开花到成熟一般年份要经历 30～35 天，高产麦田比中低产麦田要晚熟 3～5 天，比旱地麦田要晚熟 5～7 天，甚至更多。

1. 籽粒形成期

从受精后坐脐到多半仁称为籽粒形成期，也就是建库过程。一般要经历 8～10 天，麦粒长度达最大值的 3/4，已具有发芽能力。此期籽粒水分急剧增加，最高含水率可达 70% 以上，干物质也在缓慢增长，千粒重日增量在 0.3～0.5g。

在籽粒形成过程中，部分籽粒会出现干缩退化、停止发育的现象，出现这种现象通常有两种情况：一种情况是在小麦开花后 3 天左右籽粒即出现干缩、发育停止、败育的现象，分析其原因是因为没有正常受精或受精不育所致；另一种情况是籽粒正常受精正常，发育 5～7 天后不再生长发育而干缩。分析造成这种情况的原因，一方面是由于高温干旱或连阴雨等不良气候所致；另一方面是营养不良或病虫危害所致。如对吸浆虫、蚜虫防治不及时往往会出现籽粒干缩，千粒重严重下降而减产。

2. 灌浆过程

从籽粒由呈倒三角的半仁到蜡熟前期称为灌浆阶段。一般大粒品种历时 20 天左右，小粒品种 18 天左右。灌浆期又分为乳熟期和面团期。

（1）乳熟期：一般历时 15～16 天，籽粒含水率缓慢下降，由 70% 降至 45% 左右，胚乳迅速积累淀粉，干物重急剧增加，一般千粒重日增量可达 1～1.5g，最高可达 2.5～3g，是粒重增长的主要时期。当籽粒灌浆速度达到最高峰,体积达到最大值时,称为"顶满仓"。此后随着含水率下降,籽粒由灰绿变鲜绿,进一步变为绿黄色,表面有光泽,胚乳由清乳变成乳状,下部叶片已枯黄或叶尖干枯,上部叶片由绿变成绿黄色。

(2)面团期:历时2~4天,此期含水率下降到40%左右,干物质增加变慢,胚乳呈面筋状,籽粒体积缩减,籽粒表面由绿黄色变成黄绿色,失去光泽,灌浆接近停止。

3. 成熟过程(包括蜡熟期和完熟期)

(1)蜡熟期:一般历时2~4天,含水率继续缩减,由40%降至25%左右,籽粒由黄绿变黄色,胚乳由面筋状变为蜡质状。用指甲可切断,挤出蜡状胚乳,但挤不出水。

(2)完熟期:由蜡熟至完熟期历时2~3天,籽粒含水率下降至25%以下,胚乳由蜡状变硬,即硬仁。

第三节　冬小麦生长发育的外界条件

一般在冬小麦生育期内,要完成正常生长发育需大于等于0℃以上活动积温2 200℃~2 400℃。在小麦的不同生育时期,植株对温度、水分、光照等因子有不同的要求。下面就重要生育时期进行介绍。

一、温度

(1)种子萌发:最适温度为15~20℃;最高温度为35~40℃;最低温度为1~2℃温度。温度过高发芽受到抑制,过低则发芽缓慢而不整齐,易感染病害。

(2)分蘖:最适温度为13~18℃;高于18℃分蘖就受到抑制;2~4℃时分蘖缓慢。目前北方冬麦区一般麦田要培育4~5个分蘖的壮苗,必须要达到500~570℃的0℃以上的积温。在暖冬条件下，播种过早容易引起冬前旺苗，过晚则难以培育壮苗。

（3）穗分化：适宜的温度为 16～20℃。高温会加速穗分化的进程，使穗分化过早结束，致使码数和花数较少。一般在春季温度回升较慢的年份，会延缓穗分化的进程，有利于形成大穗。

（4）开花：最适温度为 18～20℃，最低温度为 9～11℃，最高 30℃左右，超过 40℃花粉很快失去活力。

（5）灌浆：适宜温度为 20～22℃，一般灌浆期需积温 500～540℃，超过或不足，都会缩短或延长灌浆时间，造成粒重下降或晚熟。在华北麦区小麦生长后期要注意预防干热风天气。

以上所涉及的适宜温度、最高温度、最低温度为日平均温度。

二、水分

冬小麦从播种到成熟的整个生育期间，一般需水总量为 400～600mm 的降水。不同的生育时段对水分需求量不同。

（1）播种至越冬：耗水量占全生育期的 15%～16%，要求播种时土壤水分含量为田间最大持水量的 70%～80%，主要满足小麦正常出苗及冬前培育壮苗的对水分要求。

（2）越冬至返青：耗水量占全生育期的 5% 左右。为小麦全生育期耗水量最少的阶段，但土壤水分含量应保持在田间最大持水量的 70% 以上，以平抑地温，实现小麦安全越冬，同时还可以满足小麦正常生长。

（3）拔节到抽穗：耗水量占全生育期的 30% 以上。其中，孕穗期是小麦对水分需求的第一敏感期，是小麦一生中需水的临界期，土壤含水量应保持为田间最大持水量的 80% 左右。若此期缺水就会使不孕小穗、小花数增多，进而影响产量。

（4）抽穗到成熟：耗水量约占全生育期的 36%。其中，开花期为小麦对水分需求的第二敏感期，如果此期干旱缺水就会影响授粉受精而降低结实率。灌浆期最适合籽粒灌浆的土壤含水量为田间最大持水量的 70% ~ 75%。如果此期缺水就会使千粒重降低而影响产量。

三、光照

小麦是长日照作物，光照是小麦进行光合作用的必要条件，充足的光照有利于干物质的积累。

（1）出苗至越冬：充足的光照有利于出苗、分蘖、长根、长叶，培育冬前壮苗。

（2）穗分化阶段：冬小麦是长日照作物，进入返青后处在长日照条件下，才能正常抽穗结实。返青后的光照条件影响着小麦发育进程。长的日照可加速穗分化的进程，因此，在春季干旱高温的气候条件下，一般日照充足，穗分化速度加快，时间缩短，不利于获得大穗多粒；短的日照可延迟穗分化时间，南方小麦穗分化时间多处于较低的温度和多云光照不足的条件下，有利于形成大穗。但在幼穗发育后期，光照不足会造成不育小穗和小花数目增多。因此，麦田群体过大，会使田间郁闭，导致下层穗发育较差，花而不实。

（3）籽粒发育阶段：光照不足影响光合作用，阻碍光合产物向籽粒中转移，造成粒重下降，温度高时犹然。光照条件对不同灌浆时期的影响不同，灌浆盛期影响最大，灌浆始期影响次之，后期影响最小。所以，要特别注意建立一个合理的群体结构。

因此，在小麦生长期间给予充足的水分、适宜的温度和光照条件，就能获得较高的产量。

四、争取穗大粒多的途径

从小麦整个发育阶段来看，穗分化时期是生殖器官的形成时期，是保证穗大粒多的重要阶段，它不仅是苗期生长的延续，而且与扬花结实相衔接，因此，要注重穗分化期的栽培管理。特别是在高产栽培中，要统筹兼顾，协调发展。一方面要选择大穗多粒型品种。从遗传学角度，数量性状是相对稳定的，但其变化赶不上品种间的差异，因此，生产上应选择穗大粒多品种。如目前京廊地区可选择轮选987、中麦175、北京0045、京冬17等高产稳产的品种。另一方面要加强田间管理特别是中后期的田间管理，促进穗大粒多。中低产麦田主攻方向是穗数，人们比较注重播种和前期的管理来争取穗数，往往中后期管理相对放松，甚至坐等丰收，因而这就不易增加粒数和粒重，进而影响产量。目前，生产上要做到保证有足够的穗数比较容易，但增加粒数和千粒重始终是小麦栽培技术的一大难题，同时，又是小麦从中低产迈向高产发展方向的主要障碍。多年的试验与实践证明，在小花原基形成期和药隔形成期或四分子形成期，即起身拔节期加强水肥管理对争取穗大粒多有明显促进作用。因此，需加强麦田中后期的管理，包括肥水、除治病虫、抗干热风防早衰等措施一定要落实到位，争取更多的粒数和粒重。

第四节　田间苗情调查与诊断

及时掌握小麦关键生育时期田间苗情状况，对确定麦田管理措施、及早预测产量和做好收获准备都具有重要意义。一般需要皮尺或钢卷尺、竹竿或废弃细木棍（田间定点用，可就地取材）等工具。调查的内容主要有群体动态即亩基本苗、总茎数、大蘖等，个体性状即主茎叶片数、植株高度、单株茎数（主茎与分蘖之和）等。下面按小麦生长发育顺序介绍几个关键生育时期开展的田间调查。

一、越冬前苗情调查

（一）群体动态

1. 基本苗

在小麦开始分蘖前后调查。

方法：以地块为单位，每地块至少定 3 个样点。注意样点距离地头、地边、畦埂 3m 以上。每点面积为 1m²，如样点多可缩减为 0.5m²。目前生产中，等行距播种或宽窄垄播种的麦田，调查 1m 长的 2 行，三密一稀播种的调查 1m 长的 3 行，其面积（m²）为样点行数乘以平均行距（m）。各样点的位置以地头或地边为参照物，进行详细记载。样点四角处以竹竿或木棍扦插作为标志，为以后定点调查群体总茎数动态的依据。

计算结果：在样点中计数苗数，并计算为每平方米基本苗数（株/m²）和亩苗数。

2. 越冬日期的记载

当秋季平均气温下降到 0～3℃时，冬小麦地上部停止生长，进入越冬期。这时麦苗的素质对能否安全越冬及来年穗数多少、产量高低都有影响。

3. 总茎数及大蘖数

当秋季气温下降到 3～0℃时，开展冬前苗情调查。在调查基本苗时所定的样点上计数总茎数（主茎和分蘖的总和）。计数分蘖的标准：分蘖从其母茎叶鞘中伸出 1cm 以上。大蘖即 2 叶一心的蘖。总茎及大蘖调查方法同基本苗。

将每个地块的多个样点（如 3 个）的总茎数平均，即为总茎数的值。总茎数除以该块地的平均基本苗，即为单株茎数。以后各时期标准相同。

（二）个体性状

（1）株高（厘米）：从分蘖节到将苗抻直后最上部叶的顶

部（不是自然株高）。

（2）主茎可见叶数：主茎上伸出下一叶叶鞘的所有叶片数。

（3）主茎展开叶数：主茎上展开的叶数。

（4）单株茎数：包括主茎和分蘖在内的茎数。

（5）大蘖≥3叶的大茎数（包括主茎和大分蘖）。

（6）次生根条数。

（三）苗情的判断

（1）弱苗：就全田观察凡是苗弱小或发黄、分蘖少、群体小的均可视为弱苗。通常可从以下几点判断：

①分蘖缺位。即分蘖与叶片不按同伸规律出生，分蘖明显落后于叶片，往往在主茎已长到5、6片叶时还无分蘖，或有1~2个高位分蘖。

②分蘖细弱，无明显膨大的分蘖节，次生根少。

③叶片发黄、枯干或细长而薄，叶色偏淡。

④植株细弱、瘦小，生长缓慢或停止生长。

⑤群体小。在适期播种情况下，华北麦区越冬前每亩总茎蘖数在50万以下。

（2）旺苗：旺苗的标准可从个体形态、群体状况及生育指标三方面判断。

①个体形态：麦苗叶片宽长而薄、叶色浅淡，叶片披散，植株蹿高徒长。

②群体状况：冬前群体过大，远看麦田封垄，不见行间。

③生育指标：华北麦区冬性不太强的小麦品种冬前主茎达7叶以上，群体总茎蘖数每亩达到百万以上，单株分蘖5个以上麦田可视为旺长麦田。

（3）壮苗：壮苗麦田介于弱苗和旺苗之间。

通过对群体、个体多项指标的测定，能够判断出苗情长势，即弱苗、壮苗、旺苗。

二、返青期苗情调查

（一）按判断标准详细记载不同品种、不同块地的返青日期

（二）目测田间死蘖或死苗情况

死蘖或死苗较严重且品种（地块）间有差异时，在越冬期调查样点内调查返青期总茎数及死茎数，并计算越冬分蘖存活百分率。有条件的可每 2~3 天对每块地取有代表性的苗，详细观察记载主茎穗的分化进程。根据调查结果，分析麦苗越冬情况为春季管理打下基础。

三、起身期苗情调查

（一）按判断标准详细记载不同品种、不同块地的起身日期

（二）起身期群体指标

（1）总茎数：以地块为单位，在调查基本苗时所定的样点上计数总茎数（主茎和分蘖）。标准同越冬前。

将每个地块 3 个点的总茎数平均，即为总茎数的值。总茎数除以该块地的平均基本苗，即为单株茎数。

（2）分蘖生长情况：注意观察分蘖长势。部分分蘖的心叶生长缓慢或停止，呈喇叭口状空心蘖的，应结合调查田间水分和养分状况，考虑是否需要提前施肥浇水。

（三）个体指标

（1）株高（cm）：从分蘖节到将苗抻直后最上部叶的顶部（不是自然株高）。

（2）主茎春生可见叶数：主茎上春生伸出下一叶叶鞘的所有叶片数。

（3）主茎春生展开叶数：主茎上春生展开的叶数。

（4）单株茎数：包括主茎和分蘖在内的茎数。

（5）次生根条数。

四、拔节期苗情调查

（一）按判断标准详细记载不同品种、不同块地的拔节日期

（二）群体指标

（1）总茎数：以地块为单位，在调查基本苗时所定的样点上计数正在生长着的总茎数（因心叶生长停止，已呈喇叭口状的缩心茎不计在内）。

将每个地块3个点的总茎数平均，即为总茎数的值。总茎数除以该块地的平均基本苗，即为单株茎数。

（2）大蘖数：在计数总茎数的同一样点内，再数一次已见到春生第四叶的茎数，并换算成每平方米大茎数。这个数值与最后成穗数接近，对预测穗数有参考价值。

（3）麦封垄情况：通常分3种。

封垄：顺麦行向前看，行间的麦叶交织在一起，很难看到地面或根本看不到地面，即为封垄。拔节期封垄的麦田叶面积指数一般在4以上，群体较大，田间过于郁闭，后期易因倒伏而减产。对此类麦田应推迟拔节期肥水，并减少施肥量。

半封垄（搭叶）：顺麦行向前看，相邻行的麦叶有部分叶尖交织，但还能见到行间地面，呈"远望一大片，近看几条线，搭叶不封垄，俯视见地面"的长相。这种长相的麦田叶面积指数在3～4，是丰产不倒的长相。

未封垄：相邻行麦叶叶尖不相交。这种麦田叶面积指数太小，不能充分利用光能。虽无倒伏危险，也不能高产。

（4）叶形：根据拔节期小麦叶形可判断田间群体是否适宜、植株生长是否健壮，通常可分为以下3种类型。

"马耳叶"：小麦的展开叶窄小，直立上举。一般未封垄，常伴有叶色发黄。是肥力不足，麦苗瘦弱的苗相。

"驴耳叶"：展开叶微卷斜伸，叶尖微微下垂，即"点头不

哈腰"的叶相。一般田间半封垄（搭叶），夜色鲜绿挺秀。是肥水管理合理，长相正常，能高产又抗倒伏的长相。

"猪耳叶"：展开叶宽大浓绿，下垂严重。远望可见叶片反光"发白"。一般田间已封垄，植株软弱，是肥水过头，群体偏大，苗偏旺的长相。

（三）个体指标

（1）株高（厘米）：从分蘖节到将苗抻直后最上部叶的顶部（不是自然株高）。

（2）主茎春生可见叶数：主茎上春生伸出下一叶叶鞘的所有叶片数。

（3）主茎春生展开叶数：主茎上春生展开的叶数。

（4）单株茎数：包括主茎和分蘖在内的茎数。

五、孕穗期调查

（一）准确记载不同地块的孕穗期。先到孕穗期的先进行调查

（二）群体指标

（1）大茎数：以地块为单位，在调查基本苗时所定的样点上计数大茎数（大约与最后成穗数相同，高度低于平均高度2/3的分蘖不计数）。

（2）田间长相诊断：在田间目测麦苗长相。麦田封垄适宜，叶色浓绿。叶片宽大适中，旗叶顶部下垂，但不超过旗叶长度的1/3。单茎保持4~5片绿叶，叶面积指数6左右，通风透光良好的，为丰产长相。

（三）个体指标

（1）株高（厘米）：从分蘖节到将苗抻直后最上部叶的顶部。

（2）主茎绿叶数（可以用小数）。如5.2个。

（3）单株大茎数：注意茎高度低于平均高度 2/3 的分蘖不计数。此项大茎数与最后成穗大约相同。

（4）主茎绿叶的长度和宽度（cm）：自上向下测定主茎各绿叶的长度和宽度。记载为旗叶（倒 1 叶）、倒 2 叶……。

六、开花期调查

（一）准确记载不同地块的开花期

先到开花期的先进行调查。

（二）群体指标

穗数：以地块为单位，在调查基本苗时所定的样点上计数穗数。

将每个地块 3 个点的穗数平均，即为总穗数的值。总穗数除以该块地的基本苗，为单株穗数。

（三）个体指标

（1）株高（cm）：从分蘖节到穗顶部的高度（不包括芒）。

（2）主茎绿叶数（可以用小数）。

七、成熟期调查

成熟期调查，重点是进行产量预测。小麦产量预测是收获前在田间选取一定面积有代表性的样点，查明 3 个产量构成因素，初步估算小麦单位面积产量。产量预测是制订收获计划的基础，也是总结小麦生产经验不可缺少的依据。

小麦产量预测的时间以蜡熟中期后进行为宜。如果测产任务大可提前开始，但应以籽粒灌浆达到能数出粒数时为宜。产量预测的一般方法和步骤如下。

1. 全面踏测

全面踏测全田小麦生长情况，以便综观全田，对样点作出大体布局。出现倒伏时，要正确目测或实际测量倒伏面积所占的比例，以使测产样点中倒伏点的比例符合实际。

2. 布点

布点数可根据全面踏测情况确定。可根据地力均匀程度、生长整齐情况、面积大小及人力多少灵活增减。小面积生长一致的麦田可采用对角线大五点法。大面积生长一致时可采用棋盘式布点法。生长不一致时要先按生长情况划分为几类，而后在不同类型麦田里分别取点测定产量。注意样点不要选边行、地头及过稀过密的地段。

3. 调查单位面积穗数和穗粒数

除对在调查基本苗、总茎数的点上调查外，每块地应随机再取 3 个以上的点进行调查。

调查方法：按调查基本苗、总茎数的方法，先计数样点上的穗数，除以样点面积即为单位面积（平方米，并可计算为公顷）上的穗数（也可以除以基本苗得到单株穗数）。然后在样点中随机抓取 20 穗，计数各穗上的籽粒总数，除以 20 即为每穗粒数。全田的穗数和穗粒数可用下式计算。

$$每公顷穗数（万）= \frac{各样点穗数之和}{样点数×样点面积（m^2）}$$

$$每穗粒数 = \frac{各样点总粒数之和}{样点数×每点取样穗数}$$

4. 千粒重的确定

确定千粒重有 2 种方法：

如果在蜡熟末期测产，因为此时籽粒已达最大重量，所以可以在调查穗数和穗粒数的同时，每点随机取 5 ~ 10 穗，分别或混合装入纸袋，带回室内分别或混合脱粒、晒干、称重并计数总粒数，可以计算出千粒重。

如果测产时间较早，或者亟须知道测产结果，可以根据以前历年该品种的千粒重，再根据当年灌浆期间条件和目测情况略加修正，求得近似千粒重。但在总结生产经验或科研结果时，则必须以实测千粒重为准。

5. 产量计算

取得每公顷穗数、每穗粒数和千粒重以后，即可计算出每公顷产量。

$$产量(\mathrm{kg/hm^2}) = \frac{穗数(个/\mathrm{hm^2}) \times 穗粒数(个) \times 千粒重(\mathrm{g})}{1\,000(粒) \times 1\,000(\mathrm{g/kg})},$$

或者，

$$产量(\mathrm{kg/hm^2}) =$$

$$\frac{穗数(万个/\mathrm{hm^2}) \times 10\,000 \times 穗粒数(个) \times 千粒重(\mathrm{g})}{1\,000(粒) \times 1\,000(\mathrm{g/kg})}$$

第三章　冬小麦需水需肥规律

第一节　冬小麦需水规律

一、总需水量与耗水系数

（一）总需水量

小麦是需要水分较多的农作物。小麦一生所消耗的水大约相当于所积累全部干物质重量的 500 倍，其中，大部分通过叶片蒸腾进入大气中。小麦的需水量（或耗水量）是指小麦从播种到收获的整个生育期间的麦田耗水量。一般小麦一生总需水量为 $400 \sim 600\text{mm}^3$（合每亩 $260 \sim 400\text{m}^3$），其中，高产麦田为 $500 \sim 600\text{mm}^3$（合每亩 $333 \sim 400\text{m}^3$）。小麦总需水量包括棵间土壤蒸发量和植株蒸腾水量以及成为重力水而流失的部分。因北方地区小麦生长期间降雨较少，成为重力水流失的部分很少，可以忽略。因此，小麦耗水量主要指棵间土壤蒸发水量和植株蒸腾水量。棵间土壤蒸发耗水量占小麦一生中总需水量的 30% ~ 40%。植株叶片蒸腾是小麦正常生长发育所必需的生理过程，其耗水量约占小麦总需水量的 60% ~ 70%，蒸腾耗水是不可避免的。

生产上常采用水分平衡法测定小麦需水量，即：

小麦总需水量 = 播前土壤贮水 + 生长期自然降水 + 灌溉总量 ~ 收获时土壤贮水量

其中，土壤贮水量 = 单位面积 × 测定土层厚度 × 土壤容重 ×

土壤含水量。

一般小麦耗水量随产量的提高而提高，但并非耗水越多越好。马瑞崑等研究表明，供水和产量之间存在一种数学函数的关系，产量达最大值以前，供水量与产量存在一个线性同步增长关系，在这个基础上再增加灌水，产量会有所下降，此时，两者又存在抛物线关系。因此，小麦的供水量增加并不总意味着产量的提高，而在一定的供水范围内存在这种关系。此外，水分消耗在品种间也存在着较大的差异。这就是小麦节水高产的理论依据和基础。

（二）耗水系数

耗水系数指每生产1kg小麦籽粒，田间所消耗的水量（kg），又称为田间需水系数。河北大部麦区小麦生育期间雨水较少，必须通过补充灌溉来增加小麦的水分供应。小麦的耗水系数因自然条件、栽培条件、产量水平等不同而变化较大。据试验，小麦全生育期一水不浇的麦田，产量在200kg/亩左右，耗水量为190m³/亩，耗水系数约1 000；产量为500kg/亩左右的水浇地（浇拔节、孕穗、灌浆三水），耗水量约350m³/亩，耗水系数700左右。随着栽培技术和灌溉技术的改善，耗水系数还可以降低，一般可以降到500左右，实现节约用水。

小麦的需水可分成生态需水和生理需水两方面。生态需水主要指田间蒸发的耗水，是无效的失水。生理需水指小麦完成全部生长发育过程所必须失掉的水分。

（三）水分蒸发与蒸腾

小麦一生之中的水分消耗主要包括棵间土壤水分蒸发和叶面水分蒸腾。

1. 水分蒸发

小麦棵间土壤水分蒸发是无效的水分损耗。一般占小麦总耗水量的30%～40%。当小麦处于苗期阶段，植株生长量小，田

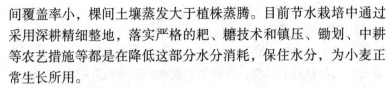

间覆盖率小，棵间土壤蒸发大于植株蒸腾。目前节水栽培中通过采用深耕精细整地，落实严格的耙、耱技术和镇压、锄划、中耕等农艺措施等都是在降低这部分水分消耗，保住水分，为小麦正常生长所用。

2. 水分蒸腾

水分以气体状态通过植物叶片散发到大气中的过程称为蒸腾。蒸腾是小麦生长过程中不可避免的，虽然会引起水分亏缺，破坏水分平衡，但又对小麦的生命活动有重要意义。第一，通过蒸腾作用能使小麦根系借助蒸腾拉力从土壤中不断吸收水分和传导水分。第二，蒸腾作用引起水流通过小麦植株体能提供一个运输系统，矿质盐随水分从根运至上部，有机物也在植株体内运输，促进小麦植株正常生长发育。第三，通过蒸腾作用还能散失大量的辐射，有效地降低叶片的温度，能保持植株生理上合适的体温，避免被太阳灼伤等。水分蒸腾主要通过叶片的气孔而使水分散失，一般小麦的蒸腾失水要占一生中总耗水量的60% ~70%。

二、冬小麦各生育阶段的需水量与需水节律

（一）苗期阶段（出苗到起身末拔节始期）

苗期阶段指从出苗到翌年起身期（拔节始期）这一段时间，包括出苗、三叶、分蘖、越冬、返青、起身 6 个生育时期，是以营养生长为主的阶段。苗期阶段的小麦正进行着长根、长叶、长分蘖，田间生长量相对中后期来说比较小，叶面积系数小，田间覆盖率也较小，因此，苗期阶段植株蒸腾量很少，耗水以棵间土壤蒸发为主，耗水量为全生育期总耗水量的30% ~40%。其中，从播种至越冬 2 个月左右的时间，耗水量可达 80mm 以上，占全生育期耗水量的 15% ~16%；入冬以后到起身末拔节初耗水量约为总耗水量的20%。

（二）中期阶段（拔节到抽穗）

中期阶段指从小麦拔节始期到抽穗期末，包括拔节、孕穗、抽穗 3 个生育时期，是根、茎、叶营养器官和小穗、小花等结实器官生长与建成的时期，即营养生长和生殖生长并进时期，30 ~ 35 天。当气温回升到 10℃ 以上时，小麦进入拔节期。随着植株的旺盛生长，叶面积系数迅速增加，田间逐渐郁闭，麦田耗水主要以植株蒸腾为主，耗水量急剧增加，在拔节到抽穗一个月的时间内，其耗水量约为全生育期的 30% 以上，日耗水量在 $6mm^3$ 以上，并且在抽穗期耗水量达到最高值，而此时棵间土壤蒸发却因地面被小麦植株覆盖而大大降低。

（三）后期阶段（开花到成熟）

后期阶段指从小麦开花到籽粒成熟，约 35 ~ 40 天的时间，是籽粒形成、灌浆进而形成产量的关键阶段。小麦后期阶段麦田耗水以植株蒸腾为主逐渐向棵间土壤蒸发过渡，耗水量约占全生育期的 35% ~ 40%。小麦开花后，随着气温的升高，耗水量继续上升，到籽粒形成期，日耗水量达一生最大值。此后，随着籽粒成熟过程中小麦叶片、根系等器官的生理机能减退，耗水强度下降，植株蒸腾量也逐渐减少，但土壤蒸发量在生育后期却逐渐增大。一般水浇地该阶段耗水量一般占总耗水量的 30% ~ 40%，植株蒸腾量占的比例较大，而旱地麦田该阶段耗水量一般占总耗水量的 30% 左右。

（四）冬小麦需水关键期

植物对水分不足特别敏感的时期，称为水分临界期，也叫水分关键时期。小麦一生中有两个需水临界期。第一个水分临界期是孕穗期，此期穗分化是从四分孢子体到花粉粒形成的阶段，茎叶也开始迅速生长，叶面积增大，要消耗大量水分。此时如果缺水，小穗分化不良，茎生长受阻，结果植株矮小，严重影响产量。第二个水分临界期在开花期，是物质运输的关键时期，如缺水，会影响有机物质的正常运输和合成，造成灌浆困难，籽粒瘦小，产量下降。因此，在水的运筹中应因地、因苗、因墒、因品种、因天气而及时浇水，尤其是在需水的关键期要浇好关键水，确保小麦丰产丰收。

第二节　冬小麦需肥规律

冬小麦从出苗到成熟需要吸收各种营养元素，这些营养元素有碳、氢、氧、氮、磷、钾、钙、镁、硫等和微量元素铁、锰、铜、锌、硼、钼等。其中，碳、氢、氧三元素约占小麦干物重的95%左右，主要是从空气和水中吸取，其余各种营养元素主要是靠小麦根系从土壤中吸取，含量虽然不多，但对小麦的生长发育起着重要作用，缺少任何一种元素都会使小麦生长不正常而影响产量。其中氮、磷、钾三元素在小麦体内比较多，需要量较大，属大量元素，而土壤中往往供应不足，需要靠施肥来补充。

小麦植株在一生中对氮磷钾的吸收总量、不同生育时期对氮磷钾的吸收量以及在植株不同部位的分配因各地自然条件、产量水平、品种特性、栽培措施的不同有所不同。但有一定的规律性。一般每生产50kg小麦籽粒，植株需要从土壤中吸收纯氮1.5kg左右、磷（五氧化二磷）0.5～0.75kg、钾（氧化钾）1～2kg。氮、磷、钾三者的比例约为3:1:3。氮、磷主要集中于籽实中，分别占全株总含量的76%和82.4%，钾则主要集中于茎秆，占全株总含量的70.6%。

一、对氮肥的吸收

氮在小麦营养中是一种十分重要的必需元素。氮的营养作用在于促进小麦根、茎、叶、分蘖等营养器官的生长，利于延长叶片功能期，加强光合作用利于营养物质积累。如果没有氮营养，小麦会"饿死"。

一般看来，高产小麦在生育期内对氮的吸收有两个高峰：一个是从分蘖到越冬，麦苗虽小，但吸氮量却占全部吸氮量的12%～14%；另一个是拔节到孕穗，这个时期植株迅速生长，需要量急剧增加，吸氮量占总吸收量的35%～40%，是各生育时期中吸肥最多的时期。因此，保证苗期氮素供应，可促进冬前分蘖，有利于培育壮苗。若氮肥供应不足或过少则苗子弱，叶片发黄，叶少、蘖少；但也不能施氮肥过多，过多会使分蘖过猛，出现旺长，易造成群体大、个体差。在拔节至孕穗期满足氮素供应，可弥补基肥的养分经前期消耗而出现的不足，提高成穗率，巩固穗数，促进小花分化，防止小穗退化，增加穗粒数，延长绿叶的功能期，提高光合作用的强度，增加有机物质积累，为小麦灌浆创造良好条件。但要注意不可施入过多，目前，生产上农民总习惯多施多追，这样易造成田间郁闭，易倒伏，还贪青晚熟。

二、对磷肥的吸收

磷是小麦生长的必需营养元素之一，在小麦生长发育中起着重要的作用。任何时期都不能缺少，其作用在于促进麦苗早分蘖早生根，提高抗寒能力，加速生育进程，促早熟、籽粒饱满等。

高产小麦对磷的吸收高峰出现在拔节至扬花期。这个时期吸收磷量可达小麦总吸磷量的60%～70%。此时，保证充足的磷素供应，对小穗小花分化发育以及促进碳水化合物和含氮物质的转化、积累、灌浆成熟、增加千粒重十分重要。小麦返青以前虽需磷量较少，冬前小麦的吸磷量只占总吸收量的9%～10%，但此时磷素对小麦分生组织的生长分化影响很大，对生根、增叶分蘖均有显著效果，是小麦需磷的临界期。此时，保证磷素供应还可明显增强小麦的抗寒、抗旱能力，对于小麦的安全越冬具有重要意义。因此，在小麦播种前要施足磷肥作底肥。

三、对钾肥的吸收

钾是小麦生长发育的必需营养元素之一，对籽粒的形成具有重要作用，同时，钾还具有提高植株的抗性如抗低温高温、抗干旱等能力，具有促进维管束发育提高茎秆坚韧、抗倒伏等能力。

小麦对钾的吸收，在拔节前吸收量较小，一般不超过吸收量的10%。拔节到孕穗期是小麦需钾最多的时期，此时吸钾量可占总吸收量的60%~70%，是小麦吸钾量和吸钾速率的最高峰，是钾肥的最高效率期。钾可提高植株体内纤维素、木质素含量，增强茎秆坚韧抗倒作用。此时保证充足的钾素供应，可使小麦植株粗壮、生长旺盛、有利于光合作用产物的运输，加速籽粒灌浆。开花至成熟期反而出现了根外排钾现象，植株含钾总量降低。

四、生产上麦田缺素的表现

缺N：小麦缺氮素时，植株矮小，分蘖少，叶子色淡，根量少，成熟早，产量下降。

缺P：小麦缺磷素时，生长明显受到抑制，植株矮小，根系不发达，分蘖减少，叶色暗绿，无光泽，光合作用强度降低，糖和蛋白的代谢减少，抽穗开花延迟，成熟迟缓，千粒重降低，品质和产量均下降。缺磷小麦的叶色反映一般是从老叶向幼叶发展，特别是在幼株中最明显。

缺K：苗期钾素供应不足，叶片呈暗绿色，植株矮小，叶尖向下卷曲，叶片尖端发生褐色斑并向叶基部发展；分蘖至拔节期缺钾，茎秆软弱，节间缩短，壁薄，抵抗力下降，易受冻害和病害；花期缺钾，剑叶叶间发黄，茎秆细弱易倒伏，穗少粒少，灌浆不好，品质和产量下降。

缺 Zn：小麦缺锌时，植株矮小，分蘖少。叶片主脉两侧失绿，形成黄绿相间的条纹，条带边界清晰。一般先从基部叶片开始，逐渐向上发展。根系不发达，变黑。严重缺锌，抽穗受阻，穗小、粒少、粒轻。

第四章 现代小麦栽培实用技术

第一节 规范化播种技术

现代小麦生产中"七分种、三分管"的种植理念已形成共识，规范化播种、抗逆栽培、节水节肥、清洁生产、简化作业等技术成为现代小麦生产的核心技术。下面在第二章冬小麦栽培生物学基础和第三章冬小麦需水需肥规律等内容基础上，阐述现代小麦栽培实用技术。

一、调整播期与播量

（一）调整播期

近年来随着全球气候变化，主要是气温总体呈上升趋势（20世纪50~90年代，河北省各地年平均气温上升了0.2~2.1℃，全省平均上升了1℃，而且年平均气温升高（变暖）主要是由于冬季平均气温，尤其是最低气温即夜间气温升高所致。河北省各地1月平均最低气温以每年0.07~0.19℃速度上升），冬小麦主产区常常处于暖冬的气候条件，在冬前生长时间延长，要仍按过去认定的播期播种，往往出现冬前旺长，容易遭受冬季冻害和返青后的倒春寒所带来的低温影响，甚至因旺长出现倒伏，后期早衰减产等问题。因此，需对播期进行调整，以培育冬前壮苗，实现安全越冬，为小麦来年高产打好基础。

从积温需求看，一般小麦从播种到出苗需要0℃以上积温

120℃左右，出苗后冬前主茎每长一片叶平均需积温75℃左右。按小麦冬前达到5～6叶为壮苗指标计算，需要495～570℃。以河北廊坊市为例，通过对近20年的气象资料分析，小麦最佳播期应为10月3～8日。

（二）调整播量

在调整后的最佳播期内播种，播种量控制在10～15kg，基本苗20万～30万苗，超过最佳播期范围每晚播一天增加0.5kg播种量，最多不超过20kg，以确保足够的基本苗数。但目前各类冬小麦麦田都存在着不同程度的播种量偏大问题，这会造成麦田群体偏大，冬前和春季出现旺长现象，特别是春季群体偏大，会造成田间通风不良，茎秆细弱，后期易发生倒伏；同时，还会使田间穗头不整齐，小穗多，影响产量的提高。因此，要注意掌握合理播量。

二、打好种植基础

（一）选用优良品种

小麦要获得高产良种是关键。以廊坊市为例，在选择品种上，应选用已通过国审或省审的冬性较强、生育期相对较短的高产、稳产、多抗的冬型小麦品种。特别是上茬接玉米的麦田大力推广应用中早熟小麦品种，以争取玉米早播，延长生长期，实现全年粮食丰产。目前，生产上建议选用轮选987、中麦175、北京0045、京冬12、京冬17、沧麦119等高产、稳产、抗逆性强、熟期较早的优良小麦品种。高产创建示范田、粮丰工程辐射区要着力做到选用优种、统一供种，确保种子纯度。

（二）增施有机肥

生产实践表明，增施有机肥不仅提高土壤有机质含量，改善土壤团粒结构和理化性状，促进土壤中的养分分解，减少流失，还能有效增加土壤接纳自然降水和保持土壤水分能力。增施有机肥方式，一种是通过家畜过腹还田；另一种是秸秆粉碎后直接还田。但采用秸秆还田的地块，一是要注意玉米秸秆必须充分粉碎，若粉碎不细，小麦籽粒极易被播到秸秆上，造成缺苗断垄；二是总氮量不增加，适当增加底氮比例，使氮素占全生育期总施氮量的50%左右，满足秸秆腐烂所需，从而避免因秸秆腐烂使麦苗脱肥变弱。不能实现秸秆还田的地块，一般亩施优质粗肥 $2 \sim 3m^3$，为小麦良好发育创造良好条件。

（三）隔年深松，精细整地

目前，大多数麦田采用小拖旋耕或浅耕，长此下去，土壤耕层变浅、犁底层上浮，直接影响根系下扎和对土壤养分的吸收，不利于小麦植株生长。而深松能有效打破犁底层，加上精细整地，提高土壤蓄水保墒保肥能力，利于根系下扎，增强小麦抗旱抗倒能力。一般隔 $2 \sim 3$ 年深松一次，深度在25cm以上。同时，播前还要做到精细整地，尤其是秸秆还田地块，要切实将秸秆粉碎、撒匀，并旋耕2遍，旋耕深度要求在15cm以上，做到土地平整、无明暗坷垃，上虚下实，有利于小麦出苗。

（四）平衡施用化肥，足墒足肥下种

当前，小麦生产中麦田氮肥用量普遍偏高，特别是高产田养分失衡问题比较突出。因此，在增施有机肥基础上，推广测土配方施肥技术，做到磷、钾、微肥全部底施，秸秆还田地块总氮量不增加，适当增加底氮比例。氮素占全生育期总施氮量的50%左右。一般亩底施优质粗肥 $2 \sim 3$ 方，磷酸二铵 $15 \sim 20kg$，尿素 $8 \sim 10kg$，硫酸钾 $10 \sim 15kg$，硫酸锌 $1 \sim 1.5kg$。秸秆还田地块增施尿素 $1.5 \sim 2kg$，以免秸秆腐化过程中与麦苗争肥而引起黄苗现象。

适宜的土壤水分有利于小麦正常出苗。一般小麦正常出苗的适宜土壤湿度为 $70\% \sim 80\%$，通过播前灌足底墒水，调整土壤贮水，有利于形成壮苗，为推迟春季浇水时间，达到节水目的打下基础。为此，小麦播前一定要做到土壤底墒充足，做到足墒下种。

（五）搞好种子处理

北方麦区小麦在播种出苗阶段常常会有金针虫、蝼蛄等地下害虫的为害，特别是在暖冬的气象条件，会使地下害虫为害期相对延长，造成麦田缺苗断垄。因此，要从播种环节做起，搞好种子处理，或选用包衣种子，确保一播全苗。对不能采用包衣种子的地块要做好药剂拌种。防治蝼蛄、金针虫等地下害虫可用50%辛硫磷乳油，按药∶水∶种1∶50∶500配比进行拌种；防治小麦黑穗病、纹枯病、白粉病等病害可用12.5%禾果利或50%多菌灵可湿粉剂按种子量的0.25%~0.3%进行拌种。先拌杀虫剂后拌杀菌剂，播前堆闷6~8h，以提高防效。

（六）适当窄行种植

小麦缩小行距、适当密植可有效增加农田覆盖率，减少水分蒸发，有利于保水节水。结合生产实践，目前，河北省麦区一般采用15cm等行机械播种，播深控制在3~4cm。要求机手作业要力求均匀行走，不能过快或过慢，以保证播种质量，实现一播全苗。

三、精细播种，播后镇压

2009~2012年，北方冬麦区冬季低温、冬春干旱、春季低温等不利天气事件多发，个别田块出现死苗现象，不利于实现苗全苗匀。因此，从播种环节抓起，提高播种质量。一方面要精细播种，麦播前提早调试播种机械，控制播种机匀速行走，播种深浅一致，一般播深3~4cm；另一方面要做好播后镇压，最好用专用镇压器进行作业，利于碾碎坷垃、踏实土壤、增强种子与土壤的接触度，提高出苗率，秸秆还田地块更要做好此项工作。

第二节 冬前及冬季管理

小麦从出苗到越冬前直至翌年返青，都为营养生长时期，其生长发育特点是出叶、分蘖、盘根。因此，田间管理的重点是促根、增蘖、育壮苗，协调幼苗生长与营养贮备的关系，使幼苗安全越冬，为翌年穗多穗大丰产打基础。这一阶段的管理措施有以下几方面：

一、开展杂草秋治

随着全球气候变化，特别是秋冬变暖，北方麦田杂草出土早，数量大，生长旺，与小麦竞争力大，危害也大。开展麦田杂草秋季除治不仅能收到好的除草效果，还能减轻春季防治的压力。因此，对小麦出苗分蘖期已出现杂草、野菜等的麦田，要积极开展杂草秋治。一般在小麦出苗后 3～4 片叶，杂草 2～3 片叶时喷施化学除草剂防除效果好。

二、适时浇好冬水

麦田冬灌的主要目的是平抑地温，防止冻害，保苗安全越冬。同时，麦田冬灌还可以做到冬水春用，为第二年春季管理争得主动，更为实施节水栽培、推迟春季第一水打下基础。北方麦区 2009～2010 年的冬季低温、2010～2011 年的冬季严重干旱给小麦安全越冬带来了严重威胁，而浇了冬水的麦田死苗极少，这再次证明了冬水的作用。廊坊市小麦处冀北冬麦区，切实浇好冬水是实现麦苗安全越冬的重要保障，而且此次灌水又有冬水春用的作用，特别是秸秆还田、整地质量较差、坷垃较多的地块更要及时浇好冻水，以踏实土壤，弥补裂缝，减少冬季冻害。冬灌温度指标是日平均气温 5℃开始，夜冻昼消时结束。一般立冬始至

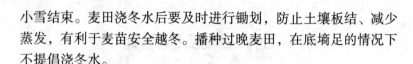

小雪结束。麦田浇冬水后要及时进行锄划，防止土壤板结、减少蒸发，有利于麦苗安全越冬。播种过晚麦田，在底墒足的情况下不提倡浇冬水。

三、依据苗情长势搞好冬前促控管理

壮苗麦田有利于实现安全越冬，而旺长苗和弱苗都易于出现冬季冻害。因此，在小麦出苗至分蘖期，经常到田间调查苗情，对于冬前有旺长趋势的麦田，可以采取镇压措施控制旺长；对于底肥不足、苗子偏弱的田块可以结合浇冬水，补施适量化肥，一般每亩补施尿素 5~7.5kg，以保证壮苗越冬。

四、严禁麦田放牧

麦田放牧很容易造成麦苗机械损伤，甚至有的麦苗被连根拔起，致使田间总茎数不足，最终会因穗数不足导致减产。另外，麦田放牧后还会因麦苗本身失水而加重干旱和冻害程度，更易引起病虫的侵害，不利于安全越冬。无论啃青早晚或壮弱麦田，被啃麦田必然是冻害重、死苗多、返青晚、生长弱、发育迟、易得病，最终导致减产。因此，要注意搞好宣传，严禁麦田放牧。

五、有针对性地开展冬季压麦

针对播种镇压不实的秸秆还田地块、裂缝大的地块、未浇冻水的地块实施冬季压麦。可起到防止漏风、减少水分蒸发防寒保暖作用。一般在大地封冻后选择晴天上午 10：00 至 16：00 压麦，避免早晨霜冻，这样伤苗比较少。同时还要注意低洼盐碱地不压，沙土地轻压 1 次，黏土地可适当重压 2 次。

第三节　春季田间管理

麦田春季管理是指从返青期到抽穗期之间的麦田管理活动。这个时期是小麦营养生长和生殖并进时期，特别是返青后的第二个分蘖高峰、起身后的分蘖两极分化、返青至拔节间的小麦穗分化（进入到小穗、小花分化期），科学合理把握各生育时期的管理，是实现争取穗大粒多为丰产打基础的关键时期。因此，春季管理的好坏，直接关系到群体的变化、穗数的多少，进而影响到粒数和粒重，对产量影响极大。本阶段的管理总体要求是调节根系与茎叶、合理增蘖与壮蘖以及植株茎叶生长与穗发育相协调，实现奠定壮秆大穗、增穗增粒的目标。麦田春季管理的措施主要有：

一、早春进行中耕锄划

麦田锄划可以起到切断表层土壤毛细管，减少表面蒸发、保住土壤水分的作用，同时又可以使表层土壤疏松，利于吸收太阳辐射，提高地温，促进麦苗返青。据测定，早春锄划后的麦田5cm 地温可提高 1～2℃，耕层土壤含水量增加 2%～3%，比不锄划麦田早返青 2 天左右。

麦田镇压可以沉实土壤，使下层土壤中的水分通过毛管作用向表层集聚，有提墒作用。对于没有水浇条件的旱地麦田，镇压对提墒、保墒、抗旱的作用更为明显。同时，对旺长麦田，镇压可以抑制地上部生长过快，避免过早拔节，是控旺转壮的有效措施。

因此，在早春结合麦田实际情况，分类进行镇压锄划。

一是对已浇过冬水的麦田或冬季有较大降雪的麦田，入春后土壤墒情比较好，此时影响小麦生长发育的主要因素是温度。对这类麦田返青期前后要积极采取中耕、锄划等措施，做到划细、划匀、划平、划透，尽快提高地温，促进根系生长，促苗早发。

二是对冬前生长旺，田间有枯死叶片的麦田，可先用耙子顺麦垄搂麦，将冻干麦叶、压住麦苗的坷垃或其他覆盖物搂出，不但起到麦垄内锄划保墒的作用，还可以增加地温，促进早期光合作用。清垄后再锄划。

三是对表墒较差、底墒好的壮苗麦田，在土壤化通后要及时镇压，待水分提升后进行锄划保墒。尤其干土层较厚的麦田要镇压 2 遍再锄划。

四是对精细整地、播后镇压、播种质量好的麦田，土壤表层干土不足 2cm 的，不需要镇压，只进行精细锄划清垄，争取麦苗早发稳长。

二、搞好化学除草与化控

廊坊市麦田杂草主要有播娘蒿、荠菜等阔叶杂草，每年都有一定的发生面积，尤其是在春季气温回缓较快的年份与小麦争水、争光、争养分，不利小麦正常生长发育。因此，在开展杂草秋治基础上，必须加强麦田杂草的除治工作。在小麦返青至起身期用 10% 麦乐 8g 或 70% 杜邦巨星 1g 加水 30～40kg 或 72% 2,4-D 丁酯 50mL 加水 40～50kg 进行均匀喷雾，不得漏喷或重喷，注意避免风天操作。

对个别群体偏大、旺长并有倒伏危险的地块在返青期前后镇压锄划的基础上，在小麦起身后可以进行化控防倒。即每亩用 200mg/kg 多效唑 30kg 全田喷雾，或亩用中国农大生产的"壮丰安"植物调节剂 40g，对水 30～40kg 全田喷雾进行化控，注意喷均，不重喷、不漏喷。

三、科学运用春季第一肥水

春季第一次肥水的运用是麦田春季管理的关键措施。而第一次肥水通常用在起身期或拔节期。首先回顾小麦起身期、拔节期肥水的作用。

（一）起身期肥水的作用

起身期肥水有四方面作用，一是具有推迟分蘖两极分化，提高分蘖成穗率，增加穗数而不增加总分蘖数；二是减少不孕小穗，促进小花分化总数，有利于争取穗大粒多；三是促进中部茎生叶面积增大，有利于增加中后期光合产物，提高粒重，但也可能造成叶面积过大而郁蔽；四是促进基部节间伸长，在群体较大时引起倒伏等四方面作用。

因此，起身期肥水对群体小的麦田弊少利多；群体适中的利弊皆有；群体大的有弊无利。

（二）拔节期肥水的作用

拔节期肥水亦有四方面作用，一是有效减少不孕小穗和不孕小花，提高穗粒数最为稳健和有效的关键措施；二是能促进发育较慢的中等蘖赶上大蘖，提高成穗整齐度；三是促进旗叶增大，延长后期叶片功能期，提高生育后期旗叶的光合高值持续期和根系活力，延缓衰老，增加开花后干物质积累，提高粒重；四是促进中上部节间伸长，有利于形成合理株型和大穗。

因此，拔节期肥水对 3 个产量构成因素的形成都有利，且有利于形成合理株型和群体，是最为稳妥的一次肥水。

（三）春季肥水的运用

春季肥水的运用上要因地制宜，分类施用，同时，做到节约用水。凡浇过水的麦田都要及时进行锄划松土保墒。

（1）对弱苗麦田（返青始期亩总茎数 50 万及以下），春季以促为主，在返青期和拔节期分 2 次进行肥水管理，分别亩追尿素 8～10kg。肥水后进行麦田锄划。

（2）对壮苗麦田（返青始期亩总茎数 60 万～80 万），促控结合，根据地力水平在前期镇压锄划保墒基础上，可适当推迟春季第一次肥水，在起身末至拔节初追肥浇水，亩追尿素 15～20kg。

（3）对有旺长迹象的麦田（返青始期亩总茎达 100 万及以上），以控为主，一是返青期镇压蹲苗，控上促下；二是在起身期喷施壮丰安等调节剂，缩短基部节间；三是推迟春季第一次肥水到拔节期甚至拔节中期，亩追尿素 15～18kg。

（4）因地制宜用好孕穗期肥水。孕穗期是小麦需水临界期，此期水分供应不足将会造成小花退化，减少结实粒数，降低产量。因此，要密切关注天气变化，如小麦孕穗期无中等程度以上降水，对于墒情不足的麦田，特别是第一次肥水落实较早而拔节期尚未浇水的麦田，因其浇水早、又无有效降水、田间蒸发较大，这样的麦田需水迫切，应抓紧落实孕穗水，并对叶色显著变淡、脱肥落黄的田块补追孕穗肥，一般亩补施 5～7kg 尿素。

第四节　生长后期田间管理

小麦从抽穗至灌浆成熟为后期阶段。这个阶段是决定粒数、粒重最终形成产量的关键期，同时也是麦蚜、吸浆虫、白粉病以及干热风等不利因素的多发期，因此，在后期管理上以争粒数、增粒重为目标，以三防二除为重点，即"防病虫、防倒伏、防干热风、除野草、除杂麦"，科学运用肥水，落实"一喷综防"技术，确保小麦丰产丰收。本期的主要田间管理措施有：

一、落实开花灌浆水和防倒伏措施

小麦抽穗灌浆期需水较多，耗水量占全生育期的 70%。如果水分不足，会影响籽粒灌浆，降低粒数和粒重。而在这一时期往往降水偏少，气温偏高，蒸发量大，常出现干旱，有时还出现干热风，对籽粒及产量影响很大。因此，要根据土壤墒情和苗情适时浇好开花灌浆水，使麦田土壤湿度保持在田间最大持水量的65%~80%。浇水时间掌握在5月中下旬，特别是对群体过大、生长过于茂盛并有倒伏危险的麦田浇水时要格外注意，应做到"三看"，即"看天、看地、看苗情"，切实把握好浇水时间、次数和浇水量，做到早浇轻浇、不旱不浇、雨前不浇、风天停浇、晴天抢浇，收获前10~15天停浇，避免因浇水不当而引发麦田倒伏。

二、搞好叶面喷肥

小麦生长后期阶段，根系逐渐衰老，根的吸收功能逐渐减退，做好叶面喷肥利于增加粒重。建议在小麦抽穗到乳熟期，对有叶色转淡，有脱肥趋势的麦田，每亩用40~50kg 2%~3%尿素溶液、2%~4%过磷酸钙溶液或0.3%~0.4%磷酸二氢钾溶液进行叶面喷施，以达到防早衰、抗干热风、增加粒重的目的。尤其是开花以后喷1~2次磷酸二氢钾溶液，对提高粒重非常明显。

三、综合除治病虫害

"两虫一病"即小麦蚜虫、吸浆虫、白粉病是廊坊市麦田主要的病虫害。近些年，蚜虫呈现中偏重局部大发生；吸浆虫中等发生，严重地块逐渐减少，但发生较普遍；白粉病中偏轻发生，但部分高水肥、群体密度大的麦田一般发生较重。为夺取小麦丰收，应做好病虫害的综合防治。

（一）孕穗至抽穗开花期搞好吸浆虫除治

吸浆虫的防治重在蛹期，即小麦孕穗期（约4月下旬），亩用5%毒死蜱粉剂600~900g配制毒（沙）土25~30kg顺麦垄撒施，撒后浇水，注意应扫落麦叶上的毒土以避免药害。吸浆虫成虫防治在小麦抽穗至扬花期（约 5 月上中旬），用 5% 高效氯氰菊酯 1 500 倍液、20% 蚜必杀等药剂 1 000 倍液喷雾防治。

（二） 开花灌浆期落实"一喷综防"

选用防病、杀虫、增粒重等多功能药剂复配喷施，实现一喷综防、一喷多效。喷防时间大体在 5 月上中旬。一般亩用 15% 粉锈宁可湿性粉剂 60 ~ 80g、10% 吡虫啉可湿性粉剂 20g 或 4.5% 高效氯氰菊酯乳油 30mL、磷酸二氢钾 150 ~ 200g，对水 50kg，全田均匀喷雾，注意一定要喷匀打透。

四、彻底拔除杂麦杂草

麦田野杂麦、杂草不仅与小麦植株争水、争光、争养分，而且还会降低麦田整齐度，影响麦株个体发育，发生严重的地块会造成一定程度的减产。因此，对在抽穗期后，已发生野杂麦、恶性杂草的田块要做到"见一棵拔一棵"、"连根拔除"，带到田外销毁，确保有效根除。

五、适时收获

小麦收获早晚，直接影响产量和品质。收获过早，干物质积累不充分，会降低粒重影响产量；收获过晚容易断头落粒，甚至赶上烂场雨，降低产量和品质。小麦收获最佳时间为腊熟末期至完熟初期，收获标准是：直观全田，植株已变黄，叶片黄枯，茎秆尚有韧性，穗子及穗下茎变黄，最上一个节及附近叶鞘仍稍带绿色，整个植株呈黄、绿、黄三段，籽粒颜色接近本品种固有的光泽，蜡质较为坚硬，但可用指甲切断。此时籽粒灌浆完全停止，籽粒千粒重达最大值，含水率达 22% 左右。

第五章 主要病虫草害发生与防治

第一节 主要病害发生与防治

小麦病害是影响小麦高产、稳产、优质的重要因素之一。近年来，随着气候条件、耕作制度、品种、栽培条件等因素的变化，病害种类及危害程度也发生了很大变化，一些常发病害不断侵袭为害，而一些次要病害上升为主要病害，并且流行性病害流行周期有缩短趋势。下面重点介绍白粉病、纹枯病、根腐病、锈病、黑穗病、全蚀病、病毒病等。

一、白粉病

小麦白粉病是一种随着麦田水肥条件的改变和种植密度的增加而严重发生的病害。自 20 世纪 70 年代以来，全国各麦区发生逐年加重。1981 年和 1989 年在国内大范围流行，一般减产 10%，个别严重地块减产 50% 以上。目前，白粉病是廊坊市小麦主要病害。

（一）病症

主要发生在叶面上，也可发生在植株叶鞘、茎秆和穗上。一般叶正面的病斑比叶背面的多，下部叶片较上部叶片被害重。其症状特点是病部表面覆有一层白粉状霉层。病部最先出现分散的白色丝状霉斑，逐渐扩大并互相联合成长椭圆形较大霉斑，严重时可覆盖叶片大部，甚至全部，霉层增厚可达 2mm 左右，并逐渐呈粉状。后期霉菌层逐渐由白色变为灰色乃至褐灰色，上面散生黑色颗粒，导致叶片变黄褐色或干枯，除消耗养分外，还造成植株早衰，籽粒瘦瘪，影响小麦产量和品质。

（二）发病规律

小麦白粉病发生的适宜温度为 15～20℃，最低为 12℃。一般来说，干旱少雨不利于病害发生。在适宜温度范围内，如天气多雨，则有利于该病的流行但湿度过大降雨过多则不利于分生孢子的形成和传播，对病害发展反而不利。此外，肥水条件较好的地区，如果密度过大和偏施氮肥会导致田间通风透光不良，发病较重；水肥不足、植株衰弱、抗病力低也易发生病害。

（三）防治措施

1. 种植抗病品种

生产上应选用具有较高抗、耐病性，并有较好丰产性的品种。如中麦 175、轮选 987 等。

2. 推广健身栽培

（1）适期播种，控制播量。播种过早，易形成冬前旺苗，翌年因营养消耗而形成弱苗，易受病菌感染。因此，要适期播种，因地制宜选择半精量播种，从而控制拔节期密度和田间郁闭程度，减轻病害流行。

（2）科学配方施肥。通过土壤肥力监测，实施配方施肥，高产地块要严格控制氮肥用量，适当增加磷钾肥、有机肥、微肥的施用量，增强麦株的抗病能力。

（3）加强田间管理。返青到起身阶段及时除草，适当推迟春一水肥，构建合理群体结构。

3. 化学防治

拌种。播种期结合防治其他病虫害进行药剂拌种，用 20% 三唑酮乳油或 25% 三唑酮可湿性粉剂种子量的 0.15%～0.2% 拌种。

喷雾。小麦生长后期，结合"一喷多防"措施进行防治。即在小麦扬花后 10 天左右亩用 15% 粉锈宁可湿性粉剂 60～80g、10% 吡虫啉可湿性粉剂 20g 或 4.5% 高效氯氰菊酯乳油 30mL、植物生长调节剂 60mL，对水 40～50kg，混匀后一次性喷雾，能有效防治病虫、防干热风，保障小麦正常灌浆。

二、纹枯病

小麦纹枯病又叫立枯病、尖眼点病。该病近 20 多年来在冬小麦主产区普遍发生，为害逐年加重，一般减产 10%～20%，严重地块达 50% 以上。纹枯病在廊坊近年为轻度发生。

（一）病症

小麦各个生长发育时期都能受害，而且主要发生在叶鞘和茎秆上。小麦发芽感病后，芽鞘变褐色，严重时烂芽枯死。秋苗至返青期感病，叶鞘上出现中部灰色、边缘褐色的病斑。叶片渐呈暗绿色水渍状，以后失水枯黄甚至死亡。拔节后植株基部叶鞘出现椭圆形水渍状病斑，后发展呈中部灰色、边缘褐色的云纹状病斑。病斑扩大相连成花秆烂茎，病斑侵入茎壁后，形成中间灰褐色，四周褐色的近圆形或椭圆形眼斑，造成茎壁失水坏死，最后病株因养分、水分供不应求而枯死，形成枯株白穗。

（二）发病规律

小麦纹枯病发病适温 20℃ 左右。凡冬季偏暖，早春气温回升快，阴雨多，光照不足的年份发病重，反之则轻。冬小麦播种过早、秋苗期病菌侵染机会多、病害越冬基数高，返青后病势扩展快，发病重。适当晚播则发病轻。重化肥轻有机肥，重氮肥轻磷钾肥发病重。高沙土地纹枯病重于黏土地、黏土地重于盐碱地。

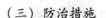

（三）防治措施

1. 农业防治

一是选用抗病良种。目前，生产上缺乏高抗纹枯病的小麦品种，但尽量选用中抗、耐病或感病轻、丰产性好的品种。二是适期晚播，合理密植，减少冬季侵染。三是合理施肥，适当增施有机肥，氮、磷、钾平衡施用，粪肥要经高温堆沤，腐熟后再使用。四是田间管理上要防止大水漫灌，并及时清除田间杂草，降低湿度。

2. 化学防治

小麦纹枯病的防治以种子处理为主，根据田间病情进行喷药防治。重点放在早播、连作杂草多、施氮量高、感病品种田，在分蘖末期病株率达5%，用药防治。分蘖末期施药防效最好，拔节期次之，孕穗期较差。

（1）药剂拌种。用20%三唑酮乳油或25%三唑酮可湿性粉剂、15%羟锈宁可湿性粉剂、12.5%烯唑醇悬浮剂等，用药量为干种子量的0.02%~0.03%（有效成分）。

（2）喷雾防治。春季当小麦病株率达20%的田块，要及时防治。施药时间在小麦拔节初期，每亩可用20%三唑酮乳油50mL、15%或25%三唑酮可湿性粉剂分别为75g和100g，25%烯唑醇可湿性粉剂50~60g等农药中的一种，加水40~50kg喷雾，连喷两次，间隔7~10天。

三、根腐病

小麦根腐病又称小麦根腐叶斑病或黑胚病。属华北麦田常发病害，发病率25%~60%，一般减产10%~30%，严重地块可达50%甚至更多。该病在廊坊麦田比较常见，零星发生。

（一）病症

小麦从苗期至成株期都能发病。种子带病率高，可降低发芽率，引起幼根腐烂，严重影响小麦的出苗和幼苗生长。苗期发病，芽鞘及根变褐腐烂，严重时未出土即死亡。受病轻的虽能出土，但生长弱，苗基部叶鞘上陆续发生褐色病斑，病苗矮小丛生，植株逐渐萎黄，不能抽穗而枯死，或部分抽穗，但籽粒瘪瘦。成株发病由于后期根冠腐烂，可引起基部折断而倒伏。病株节部及病组织上产生黑色霉状物。叶部病斑褐色，长圆形或不规则形，病斑愈合后形成大块枯死斑。叶鞘上病斑长形，较大，边缘不明显，灰色病斑中掺有褐色斑点。穗部受害后，小穗梗及颖片先变褐色，以后表面密生黑霉。病穗所结的种子胚部变黑色。

（二）发病规律

小麦根腐病是由种子或土壤中的病菌侵害而引起的。小麦根腐病发病轻重决定于气候、植株生育状况，与冻害有密切关系。春季返青后，如突遇降温、晚霜等倒春寒，可引起麦苗受冻，生长衰弱，病菌易于侵入，病性发生重。尤其在受冻后，温度随即升高（15℃）以上很容易流行。抽穗前后，如遇高温高湿，发病亦重。此外，耕作粗放，播种过深，播期过晚，连作麦田以及地势低洼，地下害虫为害，都会引起发病严重。

（三）防治措施

（1）选用抗病品种，搞好种子精选，剔除带黑胚的种子。

（2）施用腐熟有机肥，合理轮作，耕翻灭茬严格控制菌源。同时，适期播种，实施健康栽培，提高植株抗病能力。

（3）搞好种子处理，麦播前，用退菌特、0.15%代森锰锌、多菌灵等药剂拌种，杀死附着于种子上的病菌。在小麦后期，用25%粉锈宁100g/亩，对水后在初花和灌浆期各喷施1次，有防病增产效果。另外，有条件的地区可使用多菌灵等杀菌剂进行种子包衣，防效也很明显。

四、锈病

小麦锈病是全国小麦生产中分布广、传播快，危害面积大的重要病害。一般减产20%～30%，严重可达60%以上。小麦锈病分条锈病、秆锈病、叶锈病3种，其中，条锈、叶锈在廊坊发生很轻，甚至有的年份查不到病株。但作为全国小麦的主要病害，应加以学习和了解。

（一）病症

小麦条锈病主要危害叶片，其次是叶鞘和茎秆，穗部、颖壳及芒上也有发生。破坏叶绿素，造成光合效率下降，掠夺植株养分和水分，增加蒸腾量，灌浆受阻，粒重下降。夏孢子堆鲜黄色，椭圆形，与叶脉平行，且排列成行，小麦近成熟时，叶鞘上出现圆形至卵圆形黑褐色冬孢子堆，埋伏在表皮内，成熟时不开裂，

（1）叶锈病：一般只发生在叶片上，夏孢子堆小而圆，红褐色，排列不规则。叶正面发生较多。冬孢子堆生叶背面，椭圆，深褐，不突破表皮。

（2）秆锈病：主要发生在叶鞘和茎秆上。夏孢子堆大，长椭圆形，深褐色，排列不规则，连成片，表皮很早破裂。冬孢子堆黑色长圆形，后期表皮破裂。

3种锈病可用"条锈成行，叶锈乱、秆锈是个大斑点"来直观地概括。

（二）发病规律

小麦锈病是高空远距离、大区域流行性病害，这3种锈病主要以夏孢子传播完成周年侵染循环，冬孢子一般不起作用。3种锈病的发生，对湿度的要求一致，雨日或雾露天气最有利于发病，但对温度要求不同，一般条锈病发病最早，秆锈最迟，叶锈介于两者之间。

锈病的发生、流行与小麦品种、菌源数量、温湿度密切相关，而寄主的抗病性是决定锈病流行的关键因素。

（三）防治措施

小麦锈病靠气流传播，要贯彻"预防为主，综合防治"的植保方针，坚持"长短结合、标本兼治、分区治理、综合防治"的策略，以越夏区治理为基础，以冬繁区控制为关键，以流行区预防为重点，统筹规划，全面推进。

（1）选育抗病品种，抓好合理布局。应着力选育和推广应用小麦抗锈病品种，并做好抗病品种的合理布局，降低防治成本。

（2）适期晚播，避免过早播种，以降低秋苗期锈病的发生。

（3）合理施肥灌溉，加强田间管理。增施有机肥，氮、磷、钾、微肥合理搭配，浇关键水，构建合理群体结构，增强麦苗抗逆抗病性。做好中耕除草，及时除治自生麦苗。

（4）选用高效药剂，搞好化学防治。

①种子处理：一是选用包衣种子；二是用20%三唑酮（又名粉锈宁、粉锈灵或百理通）乳油或25%三唑酮可湿性粉剂种子量的0.15%～0.2%或15%三唑醇（羟锈宁）种子处理干粉剂种子量的0.2%～0.25%拌种，可兼治白粉、腥黑、散黑穗病等，注意不要超过剂量。

②喷雾：每亩用15%三唑酮可湿性粉剂80～100g或25%烯唑醇可湿性粉剂30～40g或12.5%烯唑醇悬浮剂40mL加水50kg，根据发病早晚和流行快慢，确定喷药次数。

五、小麦全蚀病

小麦全蚀病是一种毁灭性病害，一般发病地块减产10%～20%，重者减产50%左右，甚至绝收。全蚀病是一种检疫性病害。

（一）病症

全蚀病是一种根部病害，病菌只侵染麦根和茎基部 1~2 节。病株地上部矮化，变黄，重者枯死，造成白穗。苗期一般地上部不明显。拔节期田间常出现发病中心，中心点矮小，根部大部分变黑色，在茎基部及叶鞘内侧出现较明显灰黑色菌丝层。抽穗后逐渐出现点片枯死"白穗"，形成明显的发病中心。枯死病株根系及茎基部变浅黑褐色腐败状。剥开茎基叶鞘，有黑褐色菌丝层，呈"黑膏药状"。该病与小麦其他根腐型病害区别在于种子根和次生根变黑腐败，茎基部生有黑膏药状的菌丝体。

（二）发病规律

全蚀病从幼苗到抽穗均可以被侵染，但以苗期为主。小麦全蚀病菌不耐热，适宜温度 19~24℃，致死温度为 52~54℃（温热）10min。土壤性状和耕作管理条件对全蚀病影响较大。一般土壤土质疏松、肥力低，碱性土壤发病较重。土壤潮湿有利于病害发生和扩展，水浇地较旱地发病重。与非寄主作物轮作或水旱轮作，发病较轻。根系发达品种抗病较强，增施腐熟有机肥可减轻发病。冬小麦播种过早发病重。

（三）防治措施

（1）严格执行检疫制度，禁止从病区引种，防止病害蔓延。

（2）合理轮作倒茬，可有效控制土壤病菌残存量。可采用稻麦轮作或与棉花、烟草、蔬菜等经济作物轮作，也可改种大豆、油菜、马铃薯等，可明显降低发病。

（3）增施腐熟有机肥、磷肥，采用配方施肥技术，实现健康栽培，增强植株抗能力。

（4）药剂防治 用种子重量 0.2% 的 2% 立克秀拌种，防效 90% 左右。也可用 15% 三唑醇 30g 拌 100kg 种子。小麦播种后 20~30 天，每亩使用 15% 三唑酮（粉锈宁）可湿性粉剂 150~200g 对水 60L，顺垄喷洒，翌年返青期再喷 1 次，可有效控制全蚀病为害，并可兼治白粉病和锈病。

六、小麦黑穗病

小麦黑穗病主要包括腥黑穗病、散黑穗病、秆黑粉病等。在廊坊市麦田零星出现。

（一）腥黑穗病

小麦腥黑穗病在新中国成立前和新中国成立初期各产麦区除华南春麦区外都有发生，一般使小麦减产10%~20%，重者达50%。因病菌孢子含有有毒物质三甲胺，而降低面粉品质，若将混有大量菌瘿和孢子的麦粒作为饲料，会引起禽畜中毒。

1. 病症

在小麦幼苗侵入，在穗部表现出症状。病株一般稍矮，分蘖增多。病穗直立，略呈暗绿色，麦壳稍张开，病粒粗短，外面包有一层灰白色薄膜，里面充满黑粉，黏结较紧，黑粉具有鱼腥味。

2. 发病规律

小麦腥黑穗侵染源有3个，一是种子带菌。小麦脱粒时，病粒破裂，孢子散飞，黏附种子表皮，或菌瘿及其碎片混入种子中。二是粪肥带菌。带菌的麦糠、麦秸、场土等积肥，或带菌麦草及种子喂家禽家畜使粪便带菌。三是土壤带菌。病粒落入田间，造成土壤带菌。病菌随着麦种发芽而从嫩芽侵入，并生长发展，孕穗期破坏麦穗，抽穗后形成病穗。其厚垣孢子在土壤含水量40%、土温9~12℃时最易侵入，而温度超过20℃或土壤过干或过湿均不利于侵染。冬小麦播种过晚，土温低，出苗缓慢，延长病菌侵染时期。

3. 防治措施

（1）搞好种子处理。用种子重量0.15%~0.2%的20%三唑酮（粉锈宁）或0.1%~0.15%的15%三唑醇（百坦、羟锈宁)、0.2% 的 50% 多菌灵、0.2% 的 70% 甲基硫菌灵 (甲基托布津) 等药剂拌种有较好的防治效果。

(2) 施用腐熟的有机肥。对带菌粪肥加入油粕 (豆饼、花生饼、芝麻饼等) 或青草保持湿润,堆积一个月后再施到地里,或与种子隔离施用。

(3) 建立无病留种田。切实做好留种田选种、拌种、及时拔除病株、施用净粪等,并且与生产大田隔离,确保种子无病。

(4) 适期晚播。但不宜播种过迟,播深不宜过深,以促进幼苗早出土,减少侵染机会。

(二) 散黑穗病

小麦散黑穗病在中国冬春麦区都有发生,发病重的地块发病率可达 10% ~ 15%。因其发病率等于损失率,因此,要引起重视。

1. 病症

主要在穗部发病,病穗比健穗抽穗较早。最初病小穗外面包一层灰色薄膜,里面充满黑粉,成熟后破裂,散出黑粉,黑粉吹散后,只残留裸露的穗轴。一般主茎、分蘖都出现病穗,但在抗病品种上有的分蘖不发病。散黑穗病菌偶尔也侵害叶片和茎秆,在其上长出条状黑色孢子堆。

2. 发病规律

小麦散黑穗病是由花器侵入的系统性侵染病,一年只侵染一次。带菌种子是传病的唯一途径。当带菌小麦种子萌发时,潜伏的菌丝也开始萌发,随小麦生长发育经生长点向上发展,侵入穗原基。小麦孕穗时,菌丝体迅速发展,破坏花器,使麦穗变为黑粉。小麦扬花期遇阴雨天气发病重。

3. 防治措施

由于小麦散黑穗病种子带菌是唯一侵染来源,因此必须搞好种子处理,把好种子质量关。

（1）温汤浸种。

①变温浸种　先将麦种用冷水预浸4~6h，捞出后用52~55℃温水浸1~2min，使种子温度升到50℃，再捞出放入56℃温水中，使水温降至55℃浸5min，随即迅速捞出经冷水冷却后晾干播种。

②恒温浸种：把麦种置于50~55℃热水中，立刻搅拌，使水温迅速稳定至45℃，浸3h后捞出，移入冷水中冷却，晾干后播种。

（2）药剂拌种。用种子重量0.08%~0.1%的20%三唑酮乳油拌种或50%多菌灵可湿性粉剂0.1kg，对水5kg，拌麦种50kg，拌后堆闷6h，可兼治腥黑穗病。

（3）石灰水浸种。取生石灰0.5kg，加水50kg，配成1%石灰水，浸麦种30kg，注意水面要高出种子9cm以上。一般水温30℃浸1天；27~28℃浸2天；24℃浸3天。待充分晒干后即可播种。

七、小麦病毒病

小麦病毒病是小麦生产上的一类重要病害，虽然在某些年份可能发生不太明显，但一旦遇到适宜的条件，病毒病会严重发生，并造成巨大的损失，因此，对小麦病毒病应给予足够的重视。重点介绍黄矮病、丛矮病。

（一）小麦黄矮病

小麦黄矮病也叫"黄叶病"、"嵌边黄"，主要分布在西北、华北的冬麦区、冬春麦混种区和春麦区。受害小麦，一般减产5%~10%，严重的可达40%以上，个别地块可造成绝产。

1. 病症

典型症状是叶片黄化和植株矮化。秋苗期和春季返青后均可发病。秋苗期感病的植株矮化明显，分蘖减少，一般不能安全越冬。即使能越冬存活，一般也不能抽穗。拔节期发病，矮化现象不明显，一般从心叶以下第一或第二叶片开始变黄，再逐渐向下部叶片扩展。就一片叶来说，从叶尖开始发黄，叶片颜色为金黄色到鲜黄色，黄化部分占全叶的 1/3～1/2。穗期感病的植株一般只旗叶发黄，呈鲜黄色，植株矮化不明显，能抽穗，千粒重减低。

2. 发病规律

小麦黄矮病是由病毒侵染后发生的。传毒媒介是蚜虫。其中麦二叉蚜传毒能力最强。

一般早播麦田偏重，适期迟播较轻；点播稀植较重，条播密植较轻；阳坡地重，阴坡地轻；旱地重，水浇地轻；路边地头重，精耕细作，小麦长势好的轻；缺肥、缺水、盐碱瘠薄地重。小麦黄矮病轻重主要是由麦蚜虫口密度所决定的，与气候因素、耕作栽培条件和毒源等也有一定关系。如上年 10 月的平均气温高，降水量小，当年 1、2 月的平均气温高，则对麦蚜取食繁殖、传播病毒、安全越冬及早春提早活动等均较有利，这样就容易导致麦蚜与小麦黄矮病的大发生和流行。小麦在拔节孕穗期遇低温、倒春寒，生长发育受影响，抗、耐病性减弱，也容易发生黄矮病。

3. 防治措施

从治蚜防病入手，改进栽培技术，达到防病增产的目的。

（1）选用抗病丰产品种。

（2）健康栽培。清除田间杂草，减少毒源寄主。适期晚播，增施有机肥，及时中耕除草，合理施用肥水，提高植株抗逆能力。

（3）药剂治蚜防病。选用高效低毒的药剂如 10% 吡虫啉可湿性粉剂亩用 20g 或 4.5% 高效氯氰菊酯乳油亩用 30mL 加水 40kg 全田喷雾。

（二）小麦丛矮病

小麦丛矮病是华北和西北冬产区常发性病害，为害程度因年份和地区而异。轻病田减产 10% ~ 20%，重病田减产 50% 以上，甚至绝收。

1. 病症

典型症状是上部叶片有黄绿相间的条纹，分蘖显著增多，植株矮缩，形成明显的丛矮状。秋苗期感病，在新生叶上有黄白色断续的虚线条，以后发展成为不均匀的黄绿条纹，分蘖明显增多。冬前感病的植株大部分不能越冬而死亡，轻病株返青后分蘖继续增多，表现细弱，叶部仍有明显黄绿相间的条纹，病株严重矮化，一般不能拔节抽穗或早期枯死。拔节以后感病的植株只上部叶片显条纹，能抽穗，但穗很小，籽粒秕，千粒重下降。

2. 发病规律

小麦丛矮病是病毒引起的病害。灰飞虱是主要的传毒介体。

灰飞虱在有毒的植物上取食时，把病毒吸入体内，6 ~ 24 天后，当再次取食时，就能把吸入体内并繁殖的病毒传染给被害植物。小麦感毒后 10 ~ 20 天，开始表现丛矮病的病状。

灰飞虱秋季从病毒的越夏寄主上大量迁入麦田为害，造成早播麦田秋苗发病的高峰。春季随气温的升高，秋季感病晚的植株陆续显病，形成早春病情的一次小高峰。此时，越冬代灰飞虱也逐渐发育并继续为害小麦、大麦，传播病毒，造成病情的高峰。秋作物收获后不耕地，田间杂草多，小麦出苗后发病重。早播麦田发病重，适期播种的发病轻。夏秋多雨、冬暖春寒年份麦田发病重。

3. 防治措施

（1）农业防治。合理安排种植制度，尽量避免棉麦间套作。秋收后及时耕翻灭茬，消灭秋季杂草及害虫。适期播种，避免早播。苗期及时清除麦田周边的杂草。

（2）化学防治。秋季防治是关键，选择10%吡虫啉可湿性粉剂或4.5%高效氯氰菊酯乳油等，重点喷洒麦田四周5m的杂草及向麦田内5m的麦苗和杂草。返青期，重点喷洒靠近路边、沟边、场边、村边的麦田，以阻止和消灭侵入麦田的飞虱。

第二节　主要虫害发生与防治

小麦田主要害虫有地下害虫（蝼蛄、蛴螬、金针虫等）、麦蚜、麦红蜘蛛、吸浆虫、麦蜘蛛、叶蝉、麦秆蝇等。害虫取食不仅对小麦造成直接为害，而且有些害虫如麦蚜、叶蝉、飞虱等还能传播各种病毒病，给小麦生产带来严重威胁。因此，及时防治小麦害虫，对实现小麦优质、高产、稳产具有极为重要的作用。

一、地下害虫

地下害虫是指活动为害期间生活在土壤中的一类昆虫，为害播下的种子、农作物的地下部分或近地面的部分。常造成麦田不同程度的缺苗断垄，严重时死苗率达50%以上，严重影响产量。地下害虫主要有蝼蛄、蛴螬、金针虫等。

（一）蝼蛄

蝼蛄的食性很杂，包括各种粮谷作物、谷类、薯类、棉、麻、甜菜、烟草、各种蔬菜以及果树、林木的种子和幼苗。

1. 生活习性

（1）产卵习性。蝼蛄对产卵地点有严格选择性，华北蝼蛄多在轻盐碱地内的缺苗断垄、高燥向阳、地埂畦堰附近和松软油渍状土壤里产卵，而禾苗茂密，荫蔽之处产卵少。在山坡干旱地区，多集中在水沟两旁，过水道和雨后积水处。适于产卵的土壤pH值为7~7.5，10~15cm土层湿度为18%左右。产卵前先做成产卵窝，呈螺旋形向下，内分三室。上部运动室距地表约

11cm。中间的卵室，距地表约16cm。下面是隐蔽室，供雌虫在产卵后栖居，距地表约24cm。

（2）趋光性。蝼蛄夜出活动，有趋扑灯光习性。黑光灯下特别是无月光时可以诱到大量的非洲蝼蛄，往往雌多于雄。华北蝼蛄虫体笨重，飞翔力弱，虽有趋光性，常落于灯下周围地面，但在风速小、气温较高，闷热降雨的夜晚，也能大量诱到。

（3）趋化性。对香、甜物质气味有趋性，特别爱吃食半熟的谷子、炒香的豆饼和麸皮。可把煮至半熟的谷子、炒香的豆饺和麸皮配成毒饵诱杀。

（4）趋粪性。对马粪等有机粪肥有趋性。

（5）趋湿性。喜栖息于河岸渠旁、菜园地及轻度盐碱潮湿地。10~20cm土壤湿度20%左右时，活动为最盛。适当的降水量有利于蝼蛄的钻蹿，雨后常出现较多的隧道。

2. 发生规律

蝼蛄以成虫或若虫越冬。华北蝼蛄3年左右才能完成一代。在华北地区，越冬成虫于6月上中旬开始产卵，7月初孵化。初卵幼虫有聚集性，3龄后分散为害，到秋季达8~9龄，深入土中越冬。第三年春又开始活动为害，夏季若虫羽化为成虫，以成虫越冬。非洲蝼蛄的生活史稍短，在华北和东北约需两年一代。两种蝼蛄一年中有两次在土中上升和下移的过程，出现两次为害高峰，上下移动主要受温度的影响。一般春季气温达到8℃时外出活动，秋季低于8℃时停止活动。蝼蛄在一天中通常于夜间活动，以夜温21~23℃时为高峰。但气温适宜时，白天也可活动。土壤相对湿度为22%~27%时，华北蝼蛄为害最重。土壤干旱时活动少，为害轻。

3. 为害特点

蝼蛄以成虫和若虫在土中咬食刚播下的种子，特别是刚发芽的种子，也咬食幼根和嫩茎，造成缺苗断垄。一头成虫有时一次可吞食种子 20～30 粒。咬食作物根部使其成乱麻状，幼苗萎蔫而死。在表土层穿行时，形成很多孔道，使幼苗和土壤分离，失水干枯死亡。特别是谷子、小麦、苗圃中幼苗最怕蝼蛄穿行，华北有"不怕蝼蛄咬，就怕蝼蛄跑"的农谚，因这种为害方式常引起幼苗的成片枯死。

（二）蛴螬

蛴螬是地下害虫中分布广、为害较重的一类。中国为害农作物的蛴螬种类很多，其成虫通称金龟甲，主要有：东北大黑金龟甲、华北大黑金龟甲、黑皱金龟甲、铜绿金龟甲等。

1. 形态特征

蛴螬体型肥大，常弯曲呈 C 型，多为白黄色。头部褐色，上颚显著，腹部肿胀。体壁较柔软多皱，体表疏生细毛。蛴螬有胸足 3 对，一般后足较长。腹部 10 节，第 10 节称为臀节，臀节上生有刺毛，其数目的多少和排列方式也是分种的重要特征。

2. 生活习性

（1）各类金龟甲的成虫白天潜伏表土下，傍晚出土活动、取食、交配，黎明又回到土中。

（2）成虫能取食多种作物和树木的叶片或果树花芽。有假死习性和较强的趋光性。对黑光灯的趋性更强。

（3）一般喜在豆地、花生地和有机质较多的土壤里产卵。东北大黑金龟产卵深度 5～10cm。常 4～5 粒或 10 余粒连在一起，故幼虫发生初期常见小团集聚；黑皱金龟甲卵多散产于17～20cm 疏松湿润土中；铜绿金龟甲卵散产于豆类、花生等地的6.5～16.5cm 深处的土中。

3. 发生规律

（1）生活史与为害。金龟甲的生活史一般均较长，有的一年可发生一代，有的数年才完成一代。幼虫在土壤中生活，在整个生活史中历期最长。金针虫常以幼虫或成虫在土中越冬。

东北大黑金龟甲在河北一年半到两年发生一代。以幼虫或成虫在土中越冬。一年中不同虫态错综出现，世代重叠。河北中北部，当10cm土温达5℃时，越冬幼虫开始上升活动，平均土温在13～18℃时为在耕作层活动盛期。此时主要危害春播作物和返青小麦。当土温超过23℃，又向深层移动，为害减轻。秋季温度降低又上到表土层为害秋播作物。土温在5℃以下进入越冬，越冬深度为23～50cm。故一年中有两个为害时期。

黑皱金龟甲生活史与东北大黑金龟甲相似，但越冬成虫出土活动的时期较早，多在麦田和向阳坡地取食小麦和杂草。

铜绿金龟甲一年发生一代，成虫喜食榆、杨等树木的叶片，然后即在附近田块中产卵，靠近这些树木的田块受害一般较重。

（2）发生与环境的关系。

①土壤温湿度：蛴螬常因土壤温湿度的变化在土内上下和水平移动。10cm深处土温为14～22℃、土壤含水量为13%～20%时，有利于多种蛴螬活动为害。如土温降至10℃，则下降至20cm以下，如在适宜含水量以外，也向较深土层移动。湿度过低卵不能孵化，甚至干死，幼虫也容易死亡，尤其是幼龄幼虫和成虫的活动能力和生殖也受影响。

②土质：蛴螬多发生在保水性较强、有机质高的黏土、粉沙黏土中，沙质土壤中发生较少。

③耕作栽培制度：多种金龟甲成虫喜食大豆、花生、甘薯等的叶片，并在这些地块产卵，如前茬是这些作物的地块，蛴螬数量往往较多，受害也重；玉米和大豆间作较单种玉米受害重。

4. 危害特点

蛴螬类的食性很杂，能为害多种作物。幼虫在土中主要为害麦类、玉米、高粱、薯类、豆类、花生、果树幼苗等。包括咬食萌发的种子，咬断幼苗的根茎，断口整齐。常造成幼苗枯死，缺苗断垄。

（三）金针虫类

金针虫是一类分布很广为害种类比较多的地下害虫。主要有沟金针虫、细胸金针虫、宽背金针虫、褐纹金针虫等，沟金针虫在华北发生最普遍。

1. 形态特征

金针虫成虫又叫叩头虫，一般颜色较暗，体形细长或扁平，具有梳状或锯齿状触角。胸部下侧有一个爪，受压时可伸入胸腔。当叩头虫仰卧，若突然敲击爪，叩头虫即会弹起，向后跳跃。幼虫圆筒形，体表坚硬，蜡黄色或褐色，末端有两对附肢，体长 13～20mm。根据种类不同，幼虫期 1～3 年，蛹在土中的土室内，蛹期大约 3 周。

2. 生活习性

金针虫类完成一代需 3～5 年。以幼虫或成虫在地下越冬，越冬深度在 20～85cm。整个生活史中，以幼虫期最长。

沟金针虫在华北地区需 3 年完成一代，越冬成虫于 3 月上旬开始活动，4 月上旬为活动盛期。白天躲在麦田、田旁杂草中和土块下，夜出活动交配。雌虫不能飞翔，行动迟缓，没有趋光性。雄虫飞翔力较强，夜晚多在麦苗上停留。3 月下旬到 6 月上旬为产卵期，卵产在土中 3～7cm 深处，一头雌虫可产卵 100 余粒。越冬幼虫于 3 月上中旬至 5 月上旬活动为害，以后随着土温湿度的变化作土下垂直移动，秋后土温下降，约在 11 月下旬开始下移越冬。

细胸金针虫的成虫昼伏夜出，营隐蔽的生活方式，对腐烂植物的气味有趋性。约需 3 年完成一代。

宽背金针虫成虫能飞翔，有趋食糖蜜习性。需 4～5 年完成一代。

3. 发生规律

3 月下旬，沟金针虫幼虫由土层深处到达小麦根下开始为害。4月上中旬为害起身小麦和春播作物的一次高峰。如春季雨水较多，土壤墒性较好，为害加重。华北经验在春季金针虫为害时浇水，可减轻为害。5月上旬土温上升，幼虫开始向13～17cm深处下移，但一旦湿度稍低而表土湿润，仍能上移。6月间土温达22～32℃，幼虫即深入土中越夏。至9月下旬到10月上旬，6.5～10cm深处土温为7.8℃左右，幼虫又回升到13cm以上土层活动为害播下的小麦种子，成为一年中第二次为害高峰，但这一次的为害很轻。

细胸金针虫不耐干燥、适宜于较低温度，早春活动较早，秋后也能抵抗一定的低温，所以，为害期较长。幼虫不耐高温，当土温超过17℃时，向深层移动。

往往在精耕细作地区金针虫为害一般发生较轻，耕作对金针虫可有直接的机械损伤，也能将土中的蛹、休眠幼虫或成虫翻至土表，从而受不良气候影响和天敌侵袭而死。在一些间作、套作面积较大的地区，由于犁耕次数较少，金针虫为害往往较重。在未经开垦的荒地，由于杂草多，饲料充足，又无犁耕影响，适于金针虫的繁殖。因此，接近荒地或新开垦的土地，虫口较多；而开垦年限越长，虫口有渐少的趋势。

4. 为害特点

金针虫的食性很杂，其成虫叩头虫在地上部分活动的时间不长，只能吃一些禾谷类和豆类等作物的绿叶，并无严重为害，而幼虫长期生活于土壤中为害禾谷类、薯类、豆类、甜菜、棉花及各种蔬菜和林木幼苗等，咬食刚播下的种子胚乳，使其不能发芽或为害出苗作物的须根、主根及茎的地下部分，使幼苗枯死。受害幼苗很少主根被咬断，被害部不整齐。能蛀入块茎和块根，利于疾病的侵入而引起腐烂。个别地区小麦的受害率可达50%以上。新开垦的荒地，种植作物的头几年常遇到金针虫的严重为害。

（四）地下害虫蝼蛄、蛴螬、金针虫类的防治方法

1. 农业防治

精耕细作耕翻土壤，破坏地下害虫滋生繁殖场所，作物茬口合理布局、适当调整播期、合理施肥、适时灌水和及时除草等可压低虫口密度，减轻为害程度。

2. 化学防治

有药剂处理种子、处理土壤、毒饵诱杀等。

（1）种子处理：秋播拌种可用 200～300g 50% 辛硫磷乳油加水 5～7kg 喷拌 100kg 种子，拌匀后堆闷 4～8h 播种。或选用包衣种子可有效防治地下害虫，还可兼治某些病害。

（2）土壤处理：每亩用 50% 辛硫磷乳剂 100～150g 对细土 20～25kg，条施于播种沟内顺垄撒施于地表，但施药后要随即浅锄或浅耕。在小麦生长期，对新被害苗及其周围的土壤，还可用 50% 辛硫磷或 48% 毒死蜱乳油 1 000 倍液顺垄浇灌毒杀。

（3）毒饵诱杀：可用 5kg 炒香麦麸、谷子、米糠、米糁、豆饼或棉籽饼，加 80% 敌百虫可溶性粉剂、50% 辛硫磷或 48% 毒死蜱乳油 50～80mL，加适量水将药剂稀释喷拌混匀而成。当田间发现蝼蛄危害时，于傍晚顺垄撒施，或与种子混播，每亩用毒饵 2～3kg。

3. 物理机械防治

主要有诱杀、人工捕杀等。

（1）灯光诱杀：蝼蛄及某些种类的金龟和叩头虫有趋光性，可在开始盛发和盛发期间利用黑光灯诱杀。

（2）马粪诱杀：作物出苗后如发现蝼蛄为害，可用马粪诱集或加毒饵诱杀。

（3）糖浆诱杀：可消灭某些金针虫的大量成虫。可将糖浆盘于傍晚放在新耕翻地和春播作物幼苗地上，或直接将糖浆倒在地上，或在地面挖一小穴，将糖浆倒在里面，上覆枯枝杂草，次

日清晨即可捕获大量成虫。

（4）人工捕杀：春季蝼蛄开始上升到浅土尚未外出迁移时，结合平整土地挖窝灭虫，一般挖 15cm 深即可挖到。结合锄苗进行夏季挖窝毁卵。可先浅锄 3.3cm 左右，边锄边看，圆形洞口垂直向上为雄虫窝，椭圆形洞口螺旋式向上是雌虫窝，沿洞口挖 10～18cm 就可挖到卵，毁卵后再向下挖 8cm 左右就有雌虫。非洲蝼蛄的卵距地面 5～10cm。

二、麦蚜

麦蚜是中国广大麦区的重要虫害，不仅为害麦田，而且还传播多种病毒病，其中，以传播小麦黄矮病为害最大，造成黄矮病大流行，严重影响小麦产量和品质。麦蚜是廊坊市小麦生产中主要的虫害之一。

麦蚜属同翅目。中国常见麦蚜有 3 种：麦二叉蚜、麦长管蚜、禾谷缢蚜，其中，以麦二叉蚜和长管蚜分布最广，为害最重。

（一）形态特征

3 种蚜虫都属于不完全变态，有卵、若蚜、成蚜 3 个虫期。成蚜分有翅和无翅型。在生长季节里都是雌蚜进行孤雌胎生。最简单区别是：一是麦长管蚜有假死性，一碰麦叶就纷纷坠落（在穗上则不易落下）。而其他两则无假死性。二是麦长管蚜腹管很长，可达体长的 1/4～1/3，其他两种则腹管不到体条 1/4，禾谷缢蚜腹管末端明显缢缩呈瓶口状。三是麦二叉蚜有翅型，前翅中脉只分两叉，其他两种则分为三叉。

（二）发生规律

麦蚜每年发生十几代至二十几代，除麦二叉蚜和禾谷缢管蚜在部分地区秋末冬初以产卵方式繁殖并以卵越冬外，3 种蚜虫大都以孤雌胎生方式繁殖若蚜，一旦气候适宜，短期内能产生庞大

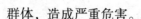

群体，造成严重危害。

秋季小麦出土后，有翅蚜从夏寄主上迁入麦田为害，当年11月以无翅成蚜或若蚜在麦丛间或根茎附近土缝中越冬。春季3月后，气温渐暖，开始爬到麦株下部叶片及心叶上为害。其中，麦长管蚜在小麦抽穗后迅速转移至穗部，蚜量猛增。不论抽穗早晚，蚜高锋都会出现在灌浆乳熟期。

禾谷缢管蚜在田间点片发生，当田间湿度较大时、30℃左右发育最快，喜高湿，不耐干旱。

麦二叉蚜从苗期至灌浆期都有发生，是小麦黄矮病的主要传播者。喜向阳坡地。

（1）与气候条件的关系：一般冬前10月及春季2~3月气候温暖、降雨少时严重为害。

（2）栽培制度的关系：冬麦区的秋苗是麦蚜建立越冬群落的基地，来年小麦返青至抽穗前期是蚜虫大量发生和病害流行的关键时期。一般早播的麦田，蚜虫量大为害重。合理施肥适时灌溉可增加抗蚜能力。麦蚜越夏寄主作物的种植面积大，麦蚜为害重。

（3）天敌的关系：麦蚜的主要天敌有瓢虫、草蛉、食蚜蝇、食蚜螨、蚜茧蜂和寄生菌。它们对蚜虫有一定抑制作用，天敌多，蚜虫就少，防治蚜虫时应注意采取保护措施。

（三）为害特点

麦蚜吸食叶、茎、穗汁液的同时，分泌毒液，影响麦苗个体发育，传播病毒。导致麦苗黄枯或伏地不能拔节，生长缓慢，分蘖减少，千粒重下降，严重的麦株不能正常抽穗，直接影响产量。同时，麦蚜还传播多种病害，其中，以小麦黄矮病危害最大。染病后，叶片呈黄色、鲜黄色、紫红色等病变，严重的植株矮化，分蘖减少，籽粒数、穗重、千粒重降低，一般减产40%，严重的可达70%以上。

（四）防治方法

1. 防治指标

在黄矮病流行地区，小麦抽穗前控制有翅蚜尽量不发生。其他地区，苗期当百株平均蚜量达50头，有蚜株率达20%～30%；拔节初期百株平均蚜量达50～100头，有蚜株率达20%～40%；孕穗期百株平均蚜量达200～250头，有蚜株率达50%左右；灌浆初期百株平均蚜量达500头，有蚜株率达70%左右，而且各个时期的天敌单位与麦蚜数量比小于1∶150或蚜茧蜂寄生率在20%以下时，即可防治。

2. 保护利用自然天敌

麦蚜的天敌资源非常丰富，尤其是瓢虫、草蛉、食蚜蝇、蚜茧蜂、蜘蛛类的种类多、数量大，对麦蚜种群的控制作用非常显著，且又是周围果园、菜田和后茬作物的天敌源。在蚜虫天敌盛发期尽可能在麦田少施或不施广谱性化学杀虫剂，避免杀伤天敌，利于发挥天敌的自然控制作用。

3. 化学防治

（1）药剂拌种：在小麦黄矮病或丛矮病流行地区，药剂处理种子是大面积治麦蚜或灰飞虱防病毒病的有效措施。可用70%高巧拌种剂（吡虫啉）或60%高巧种子处理悬浮剂60～180g，对水10L，拌麦种100kg，摊开晾干后播种。也可用种衣剂进行种子包衣，方法见地下害虫防治。

（2）喷雾：亩用10%吡虫啉可湿性粉剂10～20g对水3 000倍液喷雾防治，或用25%高渗吡虫啉乳油2 000倍液、4.5%高效氯氰菊酯乳油每亩30～60mL、30%乙酰甲胺磷乳油500～1 000倍，同时，可兼治小麦吸浆虫成虫和麦叶蜂等其他虫害。

三、吸浆虫

中国小麦上发生的吸浆虫有麦红吸浆虫和麦黄吸浆虫两种。

麦红吸浆虫多分布于沿江河平原低湿麦田；麦黄吸浆虫则多分布于高原、山岭地带。近年来，小麦吸浆虫有明显的北移现象。目前，廊坊市麦红吸浆虫发生较为普遍，近年年发生面积30万~40万亩，是廊坊市小麦生产上主要的虫害之一。

（一）形态特征

（1）麦红吸浆虫成虫：体长2~2.5mm，翅展5mm，体色橘红。

（2）卵：很小呈长圆形，长约0.09mm，微带红色。

（3）幼虫：蛆状，老熟时体长2.5~3mm，扁纺锤形橙红色。前胸腹面有一个"Y"形剑骨片，前端分叉较深。

（4）蛹：长约2mm，橘红色，头的前面有两根短毛。麦黄吸浆虫形态与红吸浆虫大致相似。

（二）生活习性

麦红吸浆虫年生1代或多年完成1代，以末代龄幼虫在土壤中结圆茧越夏或越冬。翌年当10cm地温高于10℃时，小麦进入拔节阶段，越冬幼虫上升到表土层；10cm地温达到15℃左右，小麦孕穗时，幼虫在离地面2~3cm土中开始化蛹，蛹期8~10天；10cm地温20℃上下，小麦开始抽穗，麦红吸浆虫开始羽化出土，当天交配后把卵产在未扬花的麦穗上，各地成虫羽化期与小麦进入抽穗期一致。

吸浆虫怕光，中午多潜伏在麦株下部丛间，早、晚活动，卵多产在麦穗的内颖与外颖、穗轴与小穗柄等处，5~7天，初孵幼虫从内外颖缝隙处钻入麦壳中，在刚灌浆的麦粒上为害15~20天，经2次蜕皮，幼虫短缩变硬，开始在麦壳里蛰伏，抵御干热天气，这时小麦已进入蜡熟期。遇有湿度大或雨露时，苏醒后再蜕一层皮爬出颖外，弹落在地上，从土缝中钻入10cm处结茧越夏或越冬。该虫有多年休眠习性，休眠期有的可长达12年。

（三）发生规律

吸浆虫发生与雨水、湿度关系密切，春季3～4月雨水充足，利于越冬幼虫破茧上升到土表、化蛹、羽化、产卵及孵化。此外麦穗颖壳坚硬、扣合紧，种皮厚、籽粒灌浆迅速的品种受害轻。抽穗整齐，抽穗期与吸浆虫成虫发生错开的品种，成虫产卵少或不产卵，可逃避其为害。土质松软，结构好，有利于吸浆虫生活；黏土和沙性土不利于其生活。

（四）为害特点

以幼虫在麦穗颖壳内为害花器，吸食嫩籽粒的浆液造成瘪粒而大幅度减产，一般发生减产20%，猖獗年份减产40%～50%，个别严重地区减产80%～90%甚至绝产。

（五）防治方法

（1）选用抗虫小麦品种，即选用小穗比较紧密的品种。

（2）实行轮作换茬。麦吸虫的寄主范围很狭窄，实施与双子叶作物、大蒜或水稻等轮作，可以显著减轻危害。

（3）推行三步防治法。一是播前土壤处理。每亩用50%辛硫磷乳油200mL，加水5kg，喷在20kg干土上，拌匀制成毒土撒施在地表，翻入表土层。二是在小麦孕穗期撒毒土防治幼虫和蛹，这是防治该虫关键时期。每亩用50%辛硫磷乳油150mL，制成毒土，顺垄撒于在地面，随中耕将毒土混入表土层。也可在小麦抽穗前3～5天，于露水落干后撒毒土。三是小麦抽穗开花期防治成虫。每亩可用4.5%高效氯氰菊酯15～20mL，加水50kg左右进行喷雾防治。也可结合一喷三防进行防治。

四、麦蜘蛛

麦蜘蛛分麦长腿蜘蛛和麦圆蜘蛛。

（一）形态特征

麦蜘蛛体型非常小，请见下表。

表 麦蜘蛛成虫、卵的特征

虫态＼特征＼种类	麦长腿蜘蛛	麦圆蜘蛛
成虫	0.5～0.6mm，卵圆形，红褐色，头胸部尖削	0.6～0.8mm，椭圆形，黑褐色，头胸部突起
卵	有两种，圆柱形白卵0.18mm，卵表面被蜡质。球形红卵0.15mm，卵表面有隆起条纹	长卵圆形或麦粒状，0.2mm，初产时红色，后变淡红色，表面皱缩

（二）生活习性

麦圆蜘蛛年生 2～3 代，即春季繁殖 1 代，秋季 1～2 代，完成 1 个世代 46～80 天，以成虫或卵及若虫越冬。冬季几乎不休眠，耐寒力强，翌春 2～3 月越冬螨陆续孵化为害。3 月中下旬于 4 月上旬虫口数量大，4 月下旬大部分死亡，成虫把卵产在麦茬或土块上，10 月越夏卵孵化，为害秋播麦苗。多行孤雌生殖，春季多把卵产在小麦分蘖丛或土块上，秋季多产在须根或土块上，多聚集成堆，越夏卵期 4～5 个月。

麦长腿蜘蛛年生 3～4 代，以成虫和卵越冬，翌春 2～3 月成虫开始繁殖，越冬卵开始孵化，4～5 月田间虫量多，5 月中下旬后成虫产卵越夏，10 月上中旬越夏卵孵化，为害麦苗。完成一个世代需 24～46 天。多行孤雌生殖。把卵产在麦田中硬土块或小石块及秸秆或粪块上，成、若虫亦群集，有假死性。

两种麦蜘蛛都有假死性，遇到振动即流动滚落到地面。

（三）发生规律

麦圆蜘蛛生长发育适温 8～15℃，相对湿度高于 80%，喜阴湿怕高温干燥，水浇地、低洼湿地易发生。麦长腿蜘蛛喜温暖干燥，因此，多分布在高旱麦田里。春旱少雨年份易于猖獗发生。一般连作麦田较新茬麦田受害重，靠近杂草较多的地方和背风的田块受害重。

（四）为害特点

麦蜘蛛以成、若虫吸食麦叶汁液，受害叶上出现细小白点，后麦叶变黄，麦株生育不良，植株矮小，严重的全株干枯，麦田成片枯黄，发生发展极为迅猛。秋苗受害后，抗寒力降低。

（五）防治方法

（1）因地制宜进行轮作倒茬：麦收后及时浅耕灭茬，消灭活动螨和越夏卵；因地制宜地实行与棉花、大蒜、大豆或水稻轮作，可减轻麦螨的危害。

（2）利用麦蜘蛛有假死性和在土缝中潜伏的特点，在冬春浇麦时先打动麦株再放水浇地，可淹死部分麦蜘蛛。

（3）药剂治虫：小麦返青后开始每 5 天调查 1 次，当平均每 33cm 行长小麦有螨 200 头或每株有 6 头时即可施药防治。每亩可用 2% 混灭威粉或 2% 乐果粉剂 1.5～2kg 喷撒；1.8% 阿维菌素乳油 8～10mL；40% 乐果乳油、40% 毒死蜱乳油 40%～50%；或 20% 灭扫利乳油 20～25mL。加水 50kg 喷雾，并兼治麦蚜和食叶害虫。

五、麦叶蜂

麦叶蜂有小麦叶蜂和大麦叶蜂两种。主要以幼虫为害小麦、大麦和禾本科杂草。

（一）形态特征

1. 小麦叶蜂

成虫是一种黑色有蓝光泽的小蜂。雌蜂体长 6～9.8mm，雄蜂 8～8.8mm。前胸背部和中胸前端呈红褐色，翅略透明，黄色。雄虫触角与腹部等长，雌虫触角较短。

（1）卵：肾状形，淡黄色，扁平，长 1.8mm。

（2）幼虫：老熟幼虫长 18～19mm，圆筒形，头深褐色，左右两侧各有一黑点。体灰绿色。胸、腹部各节均有皱纹。腹足8对。

（3）蛹：9~9.5mm，初期为黄白色，将羽化时变为黑色。

2. 大麦叶蜂

成虫与小麦叶蜂相似，仅中胸前盾板为黑色，后缘赤褐色，盾板两叶全为赤褐色。

（二）发生规律

麦叶蜂一年发生一代，以蛹在土中20~24cm处越冬，第二年3月羽化为成虫，交尾后卵产于麦叶主脉两侧的组织内，卵粒成串，产卵处叶片表皮突起。卵经10天左右孵化为幼虫。幼虫共5个龄期，低龄幼虫昼夜取食，3龄以后白天躲在麦丛基部或近基部土内，晚上取食为害。幼虫有假死性。4~5月上旬是幼虫为害期。幼虫期20~30天。幼虫老熟后钻入土内做土室越夏，直到10月间蜕皮化蛹越冬。

（三）防治方法

1. 深耕灭虫

根据麦叶蜂在土中越夏、越冬的习性，在麦收后或播种前，进行深耕整地，可破坏其土室，杀死幼虫。

2. 药剂防治

在幼虫发生期，当麦田幼虫每平方米达30头左右时，应立即用药防治。药剂可采用40%氧化乐果2 000倍液喷雾防治。

第三节　杂草发生与防治

一、麦田杂草种类与危害

（一）杂草种类

麦田杂草是指侵入麦田危害小麦正常生长的野生植物。麦田杂草种类多、分布广。大致分为两类：一类是阔叶杂草，包括播娘蒿、荠菜、麦瓶草、泽漆、猪殃殃、田旋花、米瓦罐、婆婆纳、宝盖草、网草、繁缕、大巢菜等；另一类是单子叶杂草，包括看麦娘、野燕麦、早熟禾、蜡烛草、雀麦、节节麦等。近年来，随着外来物种的入侵，某些外来物种已对小麦生产造成严重威胁，如黄顶菊，2001 年在河北衡水湖附近首次发现时只有几株，至 2005 年，邯郸、邢台、衡水、沧州、廊坊的 16 个县（市、区）已经不同程度的发生了黄顶菊灾害，对上述地区农业生产和生态安全构成威胁。

（二）杂草的生物学特性

1. 大量结实性

麦田杂草一般具有多实性、连续结实性和落粒性的特点。其所产生的种子数量大，远远超过小麦，边开花、边结实、边成熟，随成熟随脱落，如 1 株播娘蒿可结籽 5.25 万～9.63 万，1 株麦家公可结籽粒 76～548 粒。

2. 一年多代性

杂草种子成熟期一般比麦田早，一年可多代，如刺儿菜，3～4 月前后出苗，5～9 月开花、结果，6～10 月成熟。大部分杂草出苗不整齐，如荠菜、藜等除冷热季节外，其他季节均可出苗开花。

3. 繁殖方式多样

杂草以种子繁殖和营养繁殖为主。一般一年生杂草以种子繁殖。如野燕麦，部分多年生杂草不但可产生大量种子，还进行营养繁殖，如刺儿菜是根芽繁殖。

4. 生命力顽强

麦田杂草有很强的适应性和抗逆性，对旱涝、冷害、高温、盐碱、土壤瘠薄等不利因素具有强于小麦的忍耐力。如稗草种子经牲畜过腹还田后，在 40℃ 厩肥中过 1 个月仍能发芽。灰绿藜、碱蓬等能在盐碱地上生长。播娘蒿可在较高 pH 值的土地上生长，而且有自身繁殖调节平衡的能力和再生能力。

（三）杂草的危害

麦田杂草适应能力极强，表现为发芽早、生长快，根系发达、繁殖数量大等特点。近年来，受高产栽培水肥条件改善的影响和气候变暖影响，麦田杂草呈现种类增加、危害加重的发展趋势。杂草造成的危害一般有以下几种。

1. 与小麦争光、争水、争养分

杂草根系发达，吸收能力强，苗期生长速度快，具有干扰小麦生长的特殊性能。与小麦苗争光、争水、争养分，造成麦苗小、苗弱、黄苗，甚至形成畸形苗。

2. 成为麦田病虫害的中间寄主

许多杂草是农作物病菌、病毒或害虫的中间寄主，杂草为小麦病虫害提供了越冬、繁殖的场所，可诱发并加重多种作物病虫害的发生，如小蓟、田旋花等都是小麦丛矮病的传染媒介，应及早除治。

3. 引起产量和品质下降

由于杂草与麦苗争光、争水、争养分，还传播病虫害，间接危害作物，最终导致减产和品质下降。一般田块会减产 10%，杂草严重的地块减产可高达 50%。

同时，消除麦田杂草，还要花费大量的人力物力，会增加小麦的生产成本。

二、杂草发生规律

华北多数麦田杂草为种子繁殖，少数为宿根繁殖。种子出苗深度一般为 0~3cm，个别出土较深的达 5~10cm。麦田杂草第一次发生高峰是在秋季，即小麦播种后 10~15 天出苗，这批杂草少部分在冬季自然死亡外，大多数能安全越冬，翌年 4~5 月开花结实，对小麦产生不利影响。这样的杂草一般为越年生杂草，包括麦家公、播娘蒿、猪殃殃、繁缕等。第二次高峰是在春季，3月底至5月初，在麦田产生危害。如灰灰菜、马齿苋、荠菜等。

三、麦田杂草的防除

及时防除麦田杂草是确保小麦丰收的一项重要措施。但近年来，麦田杂草的发生有加重趋势。一方面，由于麦田高产栽培水肥条件的改善，在促进小麦生长的同时也利于杂草的发生；另一方面，气候变化，特别是秋冬变暖，麦田杂草出土早，数量大，生长旺，与小麦竞争力大，危害也大。尤其是禾本科恶性杂草在河北省部分区域呈"岛屿型"逐年加重趋势，对小麦产量影响很大。廊坊市个别区县也已发生。禾本科恶性杂草的最佳防治期为秋季防治，即在秋季小麦三叶期后开展防治工作。

（一）农业措施

1. 精选种子

对麦种进行精选，剔除秕粒、杂粒和草籽。尽管减少农民自留种和不合格种子，最好采用包衣种子。

2. 轮作倒茬

不同的作物有着不同的伴生杂草和寄生杂草，采取轮作倒茬，如与花生等阔叶类作物2～3年轮作，可减轻杂草的危害。

3. 播前深耕翻

深耕翻可以切断多年杂草如刺儿菜、打宛花等的地下根茎，并将其翻到地表，经日晒、低温可杀死一部分；另外，被翻入深层的根茎，拱土能力也有所降低，对小麦危害也随之减弱。一般2～3年进行深耕1次，把杂草的种子翻入土壤深层。

4. 中耕锄划

在小麦冬前苗期和早春返青、起身期进行田间中耕，既有利于松土保墒，同时又可除治一部分杂草。

5. 人工拔除

对难以用药剂除治的杂草可用人工拔除。如野杂麦、黄顶菊等。

（二）药剂防治

（1）对以阔叶杂草为主的麦田，可在小麦返青到起身期每亩用72%的2，4-D丁酯50mL对水40～50kg，或用70%杜邦巨星1g加水30～40kg均匀喷雾进行除治。

（2）对以禾本科杂草为主的麦田，可在冬前小麦3～5叶期或起身期，每亩用6.9%骠马乳油50～60mL加20%使它隆乳油30～40mL，混合对水30～40kg喷雾防除。

（3）对禾本科和阔叶杂草均发生比较严重的麦田，可通过混用除草剂，例如，75%巨星与6.9%的骠马，2.4-D丁酯与彪虎等混合使用，可有效提高除草效果。

（三）使用除草剂注意事项

（1）选准除草剂，严格用量与使用时间。如土壤处理要放在麦播前，茎叶处理要放在小麦安全期（分蘖期）和杂草敏感期（1～3叶期）使用，否则会降低药效甚至产生药害。若在小麦3叶期前和拔节至开花期喷施，小麦会出现药害，表现为麦穗、叶片扭曲，或穗畸形和抽不出穗子。

喷药时应注意喷匀，防止重喷、漏喷。

（2）要选在无风天用药，并尽量压低喷头，防止药液飘移到相邻地块，引起药害。

（3）施药后药械要清洗干净，先用清水冲洗，然后用肥皂水或碱水反复清洗数次，最后再用清水冲干净。

（4）注意喷药时的温湿度。一般温度较高时，利于除草剂药效的发挥，除草效果也好。据报道，2，4-D丁酯和二甲四氯，在10℃以下效果差，10℃以上效果好。土壤湿度是影响除草剂

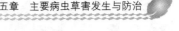

效果的重要因素，湿度大的情况下，杂草旺盛生长，利于杂草对药剂吸收和运转，药效发挥快，除草效果高。

（四）除草剂药害与防治

1. 药害症状

除草剂使用不当，会给当季、下茬和邻近作物造成药害，影响作物产量和质量。一般麦苗出现药害后田间表现为：一是急症型。即发症快、症状明显，用药后几小时或几天内出现药害症状，如叶片出现斑点、穿孔、焦灼、卷曲、畸形、枯萎、黄化、白化、失绿等；根部急症表现为短期肥大、根毛稀少，根皮变黄、腐烂等。二是慢症型。有一定潜伏期，使作物生长受阻，最终导致产量品质下降。三是残留型。即当季不发生药害，而残留在土壤中的药剂对下茬作物产生药害，造成下茬作物不发芽、或迟发芽，严重的烂种、烂芽等。

2. 产生药害原因

一是除草剂存在产品质量问题，如苯磺隆除草剂中加入价格低、活性高但对下茬作物存在安全隐患的甲磺隆等药物成分，用在小麦季安全，但对下茬玉米、大豆、棉花、蔬菜等作物发生僵苗、死苗等药害。再有就是市场有假、劣除草剂出现，以次充好产生药害。二是使用不当，如一个喷雾器多用、除草剂误当杀虫剂、药剂过量、重喷等。三是用药环境如温度、墒情、天气等因素影响而产生药害。如大风天药雾飘移到邻近作物上产生药害。

3. 补救措施

一是发生药害时结合浇水，冲洗受害植株。二是对遇碱性物质易分解失效的除草剂，用 0.2% 生石灰或 0.2% 碳酸钠水稀释液喷洗作物。三是增施肥料、科学灌水、摘除受害部位等措施，恢复受害作物机能。四是喷施植物生长调节剂，或喷洒 1% ~ 2% 尿素或 0.3% ~ 0.4% 磷酸二氢钾溶液，以提高抗药害能力，促进生长。

四、麦田野杂麦的发生与防除

(一) 野杂麦的发生

麦田野杂麦是指具有非栽培品种特征、特性，并有一定退化和野生性的杂麦。其特点如下。

一是野杂麦种子休眠期长短不一。休眠期短的可在夏季出苗生长，对冬小麦不能造成危害；休眠期长的可达 2~3 个月，并随冬小麦播种后一同出苗。

二是在苗期很难分辨。野杂麦苗期叶片窄长、丛生、色泽较淡，有的叶片有绒毛，但很难与小麦苗区分。

三是野杂麦分蘖成穗率极强。一般单株分蘖都在 10 个以上，多的可达 20~30 个或更多，比栽培品种单株分蘖多 6 个以上，且 90% 左右的蘖都能成穗。

四是野杂麦植株高、茎秆细、极易倒伏。株高一般在 100~120cm，比栽培品种高 30~50cm，并且茎秆细软，若野杂麦占到麦田的 15% 以上时，就易引起小麦倒伏，造成减产。

五是野杂麦成熟早、落粒性强。一般比栽培品种早 3~5 天成熟，且穗子"口松"，成熟后易自然落粒，机械收获更易籽粒脱落。据调查，野杂麦大约只有 30% 的收成，其余 70% 的均散落到田间，这就给野杂麦的繁殖提供了条件，为防治增加了难度。

六是野杂麦穗长粒多，千粒重低。一般平均穗粒数 40 多粒，比栽培品种多 10 粒以上，平均千粒重 24g 左右，比常规品种低15g 左右。

(二) 野杂麦危害

麦田野杂麦是小麦生产中的一大公害，它们与小麦争肥、争水、争光、争空间，造成小麦个体发育不良，群体结构变小，田间小麦整齐度降低，易引起麦田倒伏，产量品质下降，严重影响小麦生产。野杂麦的危害是一个长期渐进的过程，从开始的几株，到 2~3 年的成片发展，最后导致小麦的严重减产。如不及早除治就会越来越多，危害越来越重。

（三）野杂麦防除

1. 农艺措施

（1）使用精选加工的高质量的小麦种子：小麦播种前对麦种严格精选，剔除秕粒、杂粒。

（2）播前深耕或轮作倒茬：对于重发生区应至少 2~3 年进行深耕一次，把野杂麦的种子翻入土壤深层，也可与阔叶作物轮作 2~3 年。

（3）中耕：在小麦冬前苗期和早春返青、起身期进行田间中耕，既有利于小麦生长，同时，又可除治一部分野杂麦。

2. 物理措施

对于野杂麦当前没有比较有效的化学药剂，只能通过物理措施进行人工拔除。小麦抽穗后野杂麦比较容易辨别。一定要连根拔除，以防遗漏小杂穗，并且带到田外销毁。

第六章　主要气象灾害及防御

第一节　冻　害

冻害是指麦苗在0℃以下低温条件下造成的冻伤或冻死现象。河北省小麦冻害一般发生在小麦越冬期间或早春返青前后。冻害会损害内部器官并破坏其内部生理机能，影响主动运输系统，严重时可以造成死茎、死蘖、死株，不同程度的降低小麦产量和品质。

一、冻害类型

（一）初冬骤然降温型

小麦即将进入越冬时，日平均气温骤然下降至0℃以下，最低气温甚至达到－10℃左右，小麦的幼苗未经过抗寒性锻炼，抗冻能力较差，极易形成初冬冻害。易发生冻害的小麦类型是弱苗和旺苗。由于弱苗本身长势弱，体内可溶性固形物积累相对较少，抗低温能力较差，易发生初冬冻害，造成叶片干枯和幼苗死亡，尤其是土壤肥力低，整地质量差，土壤缺墒的在弱苗麦田，如遇突发性强降温天气，极易造成初冬冻害；而早播旺苗，冻害发生时仍处在较旺盛生长时期，其生长过快，可溶性固形物未大量积累，有的甚至冬前进入穗分化，易发生幼穗和叶片受冻。壮苗一般不会造成冻害，最多造成叶尖受冻，对小麦的生长和产量影响不大。生产上这种情况比较多。

（二）冬季长寒型冻害

小麦越冬期间，麦苗体内营养物质有所消耗，抗逆能力会有所降低，若遇降温幅度大，持续时间长，并伴有大风，特别再加上土壤干旱，寒旱交加，麦苗会发生严重的冻害死蘖死苗现象。但是近年来，由于全球气候变化，特别是气候变暖的大趋势，冬季长寒型冻害发生几率不多，这种情况在目前生产也比较少见。

（三）冬季或早春的融冻型冻害

冬季或早春天气回暖、解冻，麦苗开始萌动，如遇较强冷空气入侵或冷暖频繁，细胞冻结过速，解冻过快，原生质胶体遭到破坏甚至死亡，麦苗冻融交替而受害。冻温越低，融温越高，交替次数越多，持续时间越长，死亡越严重。春早气温变化不定，易发生融冻型冻害。此种冻害类型比较常见。

（四）低温冷害

一种是倒春寒所带来的低温冷害；另一种是晚霜冻害。

（1）倒春寒：是指小麦进入起身、拔节期，因寒潮到来所引进的降温，地表温度降到0℃以下发生的冻害。这是因小麦返青后进入快速生长阶段，抗寒抗冻性下降，易受冻害影响。这种天气在早春也容易发生。

（2）寒潮：是指某一地区冷空气过境后，气温24h内下降8℃以上，且最低气温下降到4℃以下；或48h内气温下降10℃以上，且最低气温下降到4℃以下；或72h内气温连续下降12℃以上，并且最低气温在4℃以下的天气。

（3）晚霜冻害：小麦进入拔节孕穗阶段，遭受0℃以下低温发生的危害称为低温冷害。是一种短时间的低温冻害，在小麦生育期间，地面温度骤然降到0℃以下，并低于小麦在一定发育时期所能忍受的最低温度而产生的冻害。在不同发育时期受霜冻危害程度不同，拔节以后更严重。如2013年4月19～20日，河北省中南部麦区出现了降雪，而当时小麦已进入拔节期，对当地小麦生长带来一定的不利影响。

二、冻害症状

一般来讲，小麦受冻后，叶片如烫伤，叶色变褐，最终干枯死亡。冻伤的麦苗返青慢，长势弱，生育时期推迟，群体质量差，分蘖成穗能力低，结实粒数减少，最后导致减产。为便于掌握冻害发生的情况和田间监测方便，农学上，按小麦受冻后的症状表现将受冻害的麦苗分为四级：一级为轻微冻害，其症状表现为上部 2~3 片叶的叶尖或不足 1/2 叶片受冻发黄；二级、三级主要表现为叶片一半以上受冻、枯黄；四级为严重冻害，主要表现为 30% 以上的主茎和分蘖受冻，已经拔节的，茎秆部分冻裂，幼穗失水萎蔫甚至死亡。

一般初冬冻害及越冬期冻害以冻死部分叶片为主要特征，对小麦产量的影响不大；早春冻害，心叶、幼穗首先受冻，而外部冻害特征一般不太明显，叶片干枯较轻，但降温幅度很大时，也有叶片轻重不同的干枯。受冻轻时表现为麦叶叶尖根绿为黄色，尖部扭曲；晚霜冻害，一般外部症状不明，主要是主茎和大分蘖幼穗受冻，但降温幅度很大、温度很低时也可造成严重干枯。

小麦各个时期的冻害程度与降温幅度和持续时间长短有关，也与小麦品种的冬性强弱和抗冻锻炼的时间长短以及冻害发生时期有关，应重点加强田间管理，培育壮苗，使麦田免受各类冻害危害。

三、冻害的防御措施

小麦低温冻害是复杂的多发性气象灾害，必须树立以基础防御为主，冻害后及时补救的综合防御思想，才能使灾害损失降低到最低程度，才能达到增产增收目的。

（一）选用抗寒抗逆性强的品种

由于小麦品种间抗寒性的差异，发生冻害的年份所造成的损失也有所不同。因此，应选用抗寒抗逆性强的品种，以廊坊为例，应选择冬性强的品种如轮选987、京冬12、中麦175等，而慎重选用省中南部培育的品种。

（二）培育冬前壮苗

壮苗和弱苗相比能提高抗寒力2～3℃。培育壮苗需采取综合的农业措施，包括选用适宜品种、适宜的播期与播量、增施有机肥、合理轮作、精细整地、适期晚播、播后镇压等，同时注意要提高播种质量，保证机械行走平稳，播种深浅一致，确保一播全苗。

（三）适当开展麦田镇压

麦田镇压，有多种作用。一是冬季压麦，可以压碎坷垃，压实土壤，弥补裂隙，减少冷所侵入，有利安生越冬。二是镇压可以有效控制麦苗旺长，使大蘖更加粗壮，增加抗寒性和抗旱性，提高植株抗性。三是镇压可以起到提墒作用。对干旱、裂缝大的麦田，早春要先通过镇压提升土壤水分后，还要及时进行划锄，松土保墒。因为麦田锄划松土，可使土壤空气较多，太阳晒时，能使地温升高，而有利于根系发育，培育壮苗。

（四）适时、适量浇水

首先是冬灌。冬灌除能满足小麦生理需水外，还可以踏实土壤、弥补裂隙，减少冷空所侵入，同时，水增加土壤热容量，减少温度变幅，保持土温相对稳定，不仅有利于小麦安全越冬，还能减轻春旱、春寒的不利影响，并且还有冬水春用的作用。冬灌时间应以灌水后"夜冻日消"时为宜。灌水过早，温度高，蒸发失水，浪费大，还有可能引起麦苗徒长，降低抗寒能力；灌水过晚，灌水后地面结冰往往形成结冰壳，导致麦苗窒息死亡。另外，春季寒潮来临前灌水，可有效缓解低温带来的不利影响。

（五）熏烟防霜

熏烟防霜是一种古老的防低温防霜技术，一般可提高地温 1~2℃。熏烟防霜主要原理：①减弱烟雾中下垫面土壤的有效辐射；②发烟混合物燃烧时和烟雾形成时可人出的热量；③水汽凝结在烟的吸湿粒子上时释放出的热量。熏烟时间不宜过早或过晚，一般以叶面温度比霜冻指标低 1℃ 时开始，注意统一点火，保证烟幕质量，收到好的效果。目前，此种防低温冻害的方法在生产上应用的不多。

四、麦田冻害补救措施

小麦是具有分蘖特性的作物，遭受低温冻害的麦田不会将全部茎蘖冻死，没有冻死的小麦蘖芽仍然可以分蘖成穗，通过加强管理，仍可获得好的收成。因此，若一旦发生低温冻害，就要及时进行补救。主要补救措施如下。

（一）浇水施肥

小麦受冻害后应立即施速效氮肥并浇水，氮素和水分的耦合作用可以促进中小分蘖成穗，提高分蘖成穗率、弥补主茎损失。一般每亩追施尿素 10kg 左右。

（二）叶面喷施植物生长调节剂

小麦受冻后，及时叶面喷施植物生长调节剂，对小麦恢复生长具有明显的促进作用，表现为中、小分蘖的迅速生长和潜伏芽的快发，明显增加小麦成穗数和千粒重。

（三）防治病虫害

小麦遭受低温冻害后，抗病能力降低，极易发生病虫危害，应及时喷施杀菌杀虫剂，防治各类病虫危害。

对冻害死亡严重的麦田，应及时改种其他春播作物。

第二节　高温与干热风

干热风也叫"热风"、"火风"、"干旱风"等，是中国北方麦区的主要气象灾害。其主要特征是气温高、湿度低、风速大。日最高气温达 30℃ 以上，甚至高达 37 ~ 38℃，空气湿度小于 30%，风力大于 2m/s，持续时间 2 天以上。

在中国北方，小麦生长期间受高温及干热风影响的面积占小麦播种面积 71% 左右，危害频率是 10 年 7 遇。其中，高温、低湿和大风三者结合的干热风对小麦产量和品质的影响更为严重。河北省大部分麦区处在全国重干热风区。廊坊市在不同的生产年份干热风时有发生。

一、干热风类型

（一）高温低湿型

在小麦扬花灌浆期均有发生。干热风来临时气温猛升，空气湿度急剧下降，最高气温可达 32℃ 以上，有时甚至高达 37 ~ 38℃，最大增温 16℃ 以上，相对湿度下降 13%，最大急降 57%，伴有一定的风力。这类干热风发生的区域广，能造成小麦大面积干枯，逼熟死亡，导致粒重下降，一般减产 10% 左右，重者减产 20% 以上。

（二）雨后青枯型

一般发生在乳熟后期，即小麦成熟前 7 ~ 10 天。其主要特征是雨后出现高温、低湿天气，即在高温时段里，先有一次降水过程，雨后猛晴，气温骤升（平均上升 5℃，最大达 8℃ 以上），空气湿度剧降（相对湿度平均下降 21%，最大下降 44%），蒸腾强度平均增加 26%，根系吸收力平均下降 14%，导致细胞迅速脱水，造成茎叶青枯死亡。这类干热风发生的范围虽不及高温低湿型广泛，但所造成的危害却比前者更加严重。

（三）旱风型

其特点是风速大，与一定的高温低湿相结合，对小麦的危害除了与高温低湿相同外，大风还加强了大气的干燥程度，促进了田间蒸发，使麦叶卷曲，叶片撕裂。这类干热风在干旱年份较易出现。

二、危害症状

正常成熟的小麦是金黄色，表现为麦秆节间黄，节端绿；叶片黄，叶鞘绿；芒尖黄，芒根绿。小麦遭受干热风危害时，植株的外形和内部生理活动都会出现明显异常。干热风对小麦危害的外部症状是芒尖干枯，部分炸芒，颖壳、叶片、叶鞘呈灰色；重干热风对小麦的危害症状是叶片卷曲，植株萎蔫成灰白色，造成枯黄死亡，小麦籽粒皮厚腹沟深而秕瘦。干热风灾害轻者减产5%～10%，重者减产10%以上，严重干热风灾害有时造成减产可达30%以上，而且影响小麦的品质及降低出粉率。

三、干热风的防御措施

干热风是一种气象灾害，但其危害程度与小麦品种、栽培管理措施以及环境条件有关。为此，应因地制宜采取相应的综合防御措施，来缓解和减轻其危害。

（一）选用抗干热风的品种

选用适宜的品种是抗干热风措施的基础，是抗干热风最经济而有效的办法。一般中长秆，长芒和穗下节间长的品种，自身调节能力较强，有利于抵抗和减轻高温和干热风的危害。同时，注重选择综合抗性强、高产稳产的小麦品种，做到早、中、晚熟品种应进行合理安排，使灌浆成熟时间提前或延后，以躲过干热风危害的敏感时间。

（二）健身栽培，培育壮苗

不同小麦品种对外界不良环境具有不同的抗逆能力。植株健壮，对外界不良环境条件有一定的抗性。在选择适宜品种的同时，要注重加强田间管理，培育壮苗，增强小麦抵御不良气候条件的抗性，做到一播全苗、浇好冬水、科学运用春季第一水、加强后期病虫害防治，落实好一喷三防技术措施，保根护叶，防虫防病防干热风，提高植株抗性，夺取小麦丰产。

（三）注意做好后期灌水

灌水是防御高温和干热风的紧急措施。灌水能增强土壤和大气中的湿度，以此调节麦田的水热状况，有利于小麦生理活动的正常进行。试验表明麦田后期灌水一次，地表温度可降低4℃左右，小麦株间湿度可增大4%～5%。另外，充足的土壤湿度也可明显缓解和减轻干热风造成的危害。因此，在小麦开花灌浆期做好浇水，但浇水不宜过晚，应在麦收前10～15天停止浇水，注意避免3级以上风天，以防止麦田倒伏。

（四）化学调控

在小麦的生育后期或在干热风临来之前，向叶面喷洒叶面肥等药剂，可以改善小麦体内的营养状况和水分状况，调节小麦新陈代谢能力，增强株体活力，加速物质运转，增加植株抗脱水能力，降低蒸腾强度，增加光合作用，提高灌浆速度，增加千粒重，从而提高小麦对高温和干热风的抵抗能力，降低高温和干热风的危害。常见的药剂有磷酸二氢钾、草木灰水、硼、过磷酸钙等。

（五）营造农田防护林

通过在农田周围种植防护林，加强农田林网化建设，可改善农田小气候，减轻干热风危害。林网效应不仅能削弱农田风力、风速，还可以增加林网间的空气湿度，降低气温，从而减轻干热风危害。因此，大搞农田林网建设，对防御干热风有重大意义。

第三节 干 旱

在作物生产中，干旱是指长期无降水或降水显著偏少，造成空气干燥、土壤缺水，从而使作物不能正常生长发育，最终导致产量下降甚至绝收的气候现象。廊坊市位于河北省中北部，属于大陆性季风气候，降水集中在 7～9 月，而小麦生长的晚秋到初夏季节是当地一年中最干旱的季节，整个生长季内降水量只占常年降水量的 25%～40%。当春季小麦从拔节到灌浆阶段耗水较多，可这个时段又易缺雨干旱，往往形成春旱。"十年九春旱"成为廊坊市的气候特点之一。

一、干旱分类

按照干旱发生的时期可分为：春旱、秋旱、初夏旱

（一）春旱

春旱议往一家 1 容量，减少温度变幅，保持土温相对稳定。不仅是廊坊市更是河北省最常见的一种小麦旱灾年型。小麦返青后生长越来越快，叶面积迅速增加，蒸腾量不断增加，同时春季气温回升快，空气干燥，风力较大，土壤蒸发很强，导致土壤失水迅速，一旦春季长时间无雨或雨量明显减少就容易发生春旱。春旱主要影响冬小麦返青后的生长，此时，正是小麦的拔节至孕穗期，缺水受旱，能影响花粉母细胞分裂，造成小花退化，穗粒数减少，对小麦穗分化形成大穗多粒极为不利。比较典型的春季干旱发生在 2007 年、2011 年春季，有的是冬春联旱，给小麦正常生长发育带来了不利影响。

（二）秋旱

秋旱发生时降水比常年异常偏少，会影响冬小麦适期播种。若麦田墒情低于 60% 则影响出苗，造成缺苗断垄或者小麦出苗

后生长纤弱、分蘖少，甚至苗枯死亡。

（三）初夏旱

初夏时节小麦正处于灌浆成熟期，是产量形成的关键期和第二水分敏感期。此时若出现干旱少雨，往往会由于当时气温升高，太阳辐射增强，小麦光合作用降低，呼吸强度增加，光合物质积累减少，有机物质转运慢，合成与分配比例破坏，原生质脱水，小麦衰老提前，灌浆时间缩短，不仅对产量形成产生重大影响，造成减产，也影响到籽粒品质。

二、干旱的防御措施

（一）隔年深耕，蓄水保墒

采用深耕的方法打破犁底层，加深耕层，疏松土壤厚度，可有效地增加耕后和来年雨季降水的积蓄量。同时，还能扩大根系的吸收范围，增加土壤蓄水容量，提高土壤水分利用率，保证小麦全苗壮苗，降低干旱的影响，相对增强了抗旱能力。

（二）农艺保墒

（1）采用深松技术对土壤进行少耕是防止土壤水分损失的一种比较有效的耕作技术。通过减少耕作次数减少土壤水分的损失，保墒效果较好，同时，提高土壤水分利用率。

（2）播前适当的镇压使过松的耕层达到适宜的紧实度，表墒能提高 1% ~3% ，可有效地提高出苗率。

（3）早春土壤返浆时进行镇压，可以促进土壤下层水分向上移动，起到提墒作用。

（4）早春镇压后或春雨后进行中耕划锄起到很好的保墒作用。中耕一般可提高土壤含水量 2% ~3% ，而在表层土壤变干后进行镇压，可有效防止土壤水分蒸发，保墒效果好；旱薄地土壤养分匮乏，土壤水分利用率低，在干旱或土墒不足的情况下可借墒播种。

（三）增施有机肥，培肥地力

一是增施腐熟有机肥。有机肥养分全、肥效长，增施有机肥可增加土壤肥力和改善团粒结构，以肥调水，增强土壤保水性能，从而保证土壤足够的水分满足小麦生长发育的需要。

二是秸秆还田技术。通过将秸秆粉碎还田，即增加了土壤养分，又改善土壤结构，增加了土壤保水保肥能力，利于小麦根系发育。

（四）合理调整作物布局

干旱少雨是北方麦区的主要气候特点。因此要充分利用有限的降水，按照降水规律，合理安排农作物布局，确定种植制度和复种指数。合理轮作和良好前茬是积蓄土壤水分的有效措施。选用抗旱耐旱专用小麦品种，松散株型的品种也可在一定程度上降低土壤水分的地面蒸发，提高土壤水分利用率。

（五）人工增雨

春季较旱时，如遇适当的天气条件，利用火箭进行人工增雨作业，缓解旱情。近年廊坊市人工增雨作业取得一定成效，特别是春季在适当条件下实施发射火箭人工增雨，有利缓解旱情。如2014年4月25日组织全市大规模人工增雨作业，共发射火箭弹59枚，作业效果显著，出现了春季大范围首场降雨，为春播作物播种和小麦春管创造了有利条件。

（六）尝试应用抗旱剂等化学措施改善农田水分条件

农业化学抗旱系列产品有抗旱剂、保水剂、土壤结构改良剂、蒸发抑制剂等。采用这些化学措施有利于吸收并保持住土壤中的水分供小麦有效利用。还可减少水分蒸发，减少径流，防止土壤侵蚀，改善土壤结构，提高土壤肥力，提高农田水分利用效率。

第七章　冬小麦优良品种介绍

1. 京冬 8

北京市农林科学院作物研究所育成，以（阿芙乐尔×5238-016）×红良 4 为母本，以 7×洛 10 为父本。1995 年通过北京市农作物品种审定委员会审定，1996 年通过天津市和河北省审定，1999 年通过全国审定。至 2000 年累计推广面积 316.2 万 hm^2。

冬性，中早熟。半高秆，株高 85~90cm。分蘖率和成穗率中等偏上。灌浆速度快。纺锤形穗，长芒，白壳，红粒，籽粒硬质，千粒较高，一般为 45~50g。茎秆粗壮，坚韧，抗倒性强，抗干热风，高抗条锈、叶锈，白粉病轻。

1993 年、1995 年生产试验，天津市 2 年 9 点，平均 666.7m^2 产 455.63kg，比对照津麦 2 号增产 11.87%；1995 年河北省 5 点平均 666.7m^2 产 390.9kg，比对照丰抗 8 号增产 8.23%。蛋白质含量 17.21%，湿面筋 34%，沉降值 32.3mL，稳定时间 3min。面包粉 2~3 级。

适宜播种时间 9 月 25 日至 10 月 5 日，666.7m^2 基本苗 20 万~30 万。返青期控制肥水，拔节期重施肥浇水。

适宜在北部冬麦区的河北中北部、北京和天津等省市中上等水肥地种植，越冬期注意防止冻害。

2. 中麦 175

中国农业科学院作物育种栽培研究所育成，2007 年通过北京市农作物品种审定委员会审定。成熟期与对照京 411 相当。幼苗半匍匐，生长健壮，分蘖力、成穗率较高，株型较紧凑，区试株高 75～80cm；穗纺锤形，长芒、白壳、白粒。千粒重 38g，抗倒性好，抗条锈病和叶锈病，高感白粉病。2005～2006 年连续两年参加北京高肥区试，平均产 446.16kg/亩，比对照京 411 增产 1.5%。适宜与北京气候条件相似的地区种植。

3. 轮选 987

中国农业科学院作物科学研究所刘秉华研究员等人利用矮败小麦，通过轮回选择后，经系谱法选育而成。2003 年通过国家农作物品种审定委员会审定，审定编号为"国审麦 2003017"，并获国家植物新品种保护。2004～2005 年度被农业部列为 35 个小麦种植主导品种之一。

该品种冬性，偏晚熟。幼苗匍匐，生长较繁茂。株高 80cm 左右，植株清秀，茎秆弹性好，较抗倒伏。穗纺缍形，长芒、白壳，红粒，硬质，千粒重 45g 左右。成熟落黄好，较抗干热风。中抗白粉病，高抗条锈病，较抗叶枯病。

2001 年国家区试结果，平均产量 6 406.5kg/hm²，2002 年同组试验结果，平均产量 7 264.5kg/hm²。粗蛋白质含量 14.2%。湿面筋 32.6%。

播前要足墒足肥，搞好药剂拌种。9 月 25 日至 10 月 5 日播种，666.7m² 基本苗在 18 万～28 万。返青期以中耕锄划、提温保墒为重点，起身期实施化学除草。春季若墒情较差、麦苗长势一般则第一水在起身期浇；若墒情好，麦苗长势壮或较旺则第一水推迟到拔节期，结合浇水 666.7m² 追施尿素 15～20kg，以促进长根、长叶和穗部发育。小麦抽穗前，如干旱应在抽穗至扬花时浇二水，666.7m² 追尿素 5～7kg。注意后期除治病虫害。

适宜北京市、天津市、河北省中北部和山西中北部冬麦区中高水肥麦田种植。

4. 京 0045

中国农业科学院作物科学研究所以京 411 为母本、中麦 9 号为父本杂交选育而成，2004 年 9 月通过河北省品种审定（冀审麦 2004013 号），品种权保护公告号 CNA001977E。是北部冬麦区唯一获 2005 年农业部后补助的新品种。

属冬性中晚熟品种，生育期 254 天左右。分蘖力强。幼苗半匍匐，成株株型紧凑，株高 76cm 左右。穗棍棒型，长芒、白壳、白粒、硬质，籽粒饱满度较好，有黑胚。穗粒数 30 个左右，千粒重 50g 左右，容重 784g/L 左右。抗倒性一般，抗寒性较好，熟相中等。2003～2004 年两年河北省农林科学院植物保护研究所抗病鉴定结果：条锈 3 级，叶锈 3～4 级，白粉 3～4 级。

生产试验平均 666.7m^2 产 425.8kg，比对照增产 3.6%。农业部谷物品质检测中心测试，面条评分 84，口感、颜色和黏弹性均好，优于对照品种。与雪花粉面条品质相当，属优质面条小麦。

栽培要点：以 10 月初播种为宜，666.7m^2 播种量 10kg 左右。精细整地，施足底肥，浇好冻水，控制返青肥水，重施拔节肥。抽穗期结合防治蚜虫，喷粉锈宁 1 次，浇好灌浆水，以利于提高粒重。

适宜地区：适宜北部冬麦区中等以上肥力水浇地种植。

5. 京冬 12

北京杂交小麦工程技术研究中心育成。早熟轮选群体（含京农 79-2、83-91、丰抗 7、农大早、京双早等），2004 年通过国审（国审麦 2004017）。

冬性，中熟，全生育期 258 天。幼苗半匍匐，分蘖力较强，苗期叶片宽大，植株整齐，繁茂性好。株高 85～90cm。穗纺锤形，长芒、白壳、红粒、粒质较硬。平均每亩穗数 44.4 万穗，穗粒数 29.5 粒，千粒重 41.6g。抗倒性、抗寒性较好；接种抗病性鉴定：感条锈病，高感叶锈病和白粉病。

2001～2002 年度生产试验平均亩产 411.7kg，比对照京冬 8

号增产 3.4％。注意防治叶锈病和白粉病。2000～2001 年分别测定混合样：容重 769～775g/L，蛋白质含量 17.4％～18.2％，湿面筋含量 41.0％ ～ 37.9％，沉淀值 33.5～30.9mL，吸水率 61.1％～62.8％，面团稳定时间 4.2～3.4min。

适宜播期 10 月 1～10 日。精细整地，施足底肥，浇好冻水，控制返青肥水，重施拔节肥。注意防治叶锈病和白粉病。

适宜在北部冬麦区的北京市、天津市、河北省北部、山西省北部等省市中上等肥力地种植。

6. 沧麦 119

沧州市农林科学院赵松山研究员等人利用 8341699 作母本，CA8694 作父本进行杂交，2002 年育成。2005 年通过河北省农作物品种审定委员审定（编号为冀审麦 2005012）。同时，申请国家植物新品种保护，申请号为 20050502.5。

该品种生育期平均 256 天。幼苗半匍匐，株型较松散，株高 73.9cm，茎秆韧性好，抗倒能力较强。分蘖力较强，穗纺锤形，长芒，白粒，硬质，籽粒较饱满。平均穗粒数 29 个，千粒重 43.8g，容重 787.8g。熟相好。河北省农林科学院植物保护研究所鉴定：高抗条锈病、叶锈病、纹枯病，对白粉病接近免疫。经遵化试验站鉴定抗寒性较强。

2004 年冀中北水地组冬小麦区域试验平均产量 7 026kg/hm²；2005 年同组区域试验平均产量 6 799.5kg/hm²，2005 年同组生产试验平均产量 7 326kg/hm²；2005 年河北省农作物品种品质检测中心检测：籽粒蛋白质 15.34％，沉降值 20.3mL，湿面筋 33.4％，吸水率 64.2％，形成时间 2.4min，稳定时间 2.2min。

10 月 5～10 日为适宜播期，每 666.7m² 播量 15～20kg。施足基肥，底肥 666.7m² 施纯氮 5～6kg，P_2O_5 8～10kg，纯钾 3kg。后期追肥可在拔节期一次施用或分期追施，亩施纯氮 4～5kg。

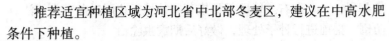

　　推荐适宜种植区域为河北省中北部冬麦区，建议在中高水肥条件下种植。

　　适宜在河北省中北部冬麦区中高水肥条件下种植。

　　7. 石家庄 8 号

　　河北省石家庄市农科院郭进考研究员等人用石 91-5096 作母本，石 9306 作父本杂交，1997 年选育而成，2001 年通过河北省品种审定委员会审定，并被列入国家科技成果重点推广计划；2002 年被河北省认定为高新技术产品，2002 年 12 月通过国家品种审定，2003 年 11 月获得植物新品种保护，品种权号：CNA20020165.4.

　　属半冬性、中熟。幼苗半匍匐，分蘖力较强，亩成穗较多。成株株型较松散，穗层整齐。株高 75cm 左右。茎秆韧性好，抗倒性较好。穗纺锤形，短芒，白壳，白粒，硬质，穗粒数 32 个左右，千粒重 45g 左右，籽粒饱满，光泽好，容重 795g/L。抗寒、抗旱、中抗条锈、高抗叶锈和白粉病，抗干热风，熟相好。

　　省区试平均 666.7m^2 产 513kg，两年平均亩产均居参试品种之首，一般亩产 450～550kg，肥旱地亩产可达 300～400kg。

　　2000 年省区试验 8 点试验 5 点居第一位，最高 666.7m^2 产 570.1kg；2001 年省区试 7 点试验，最高 666.7m^2 产 598.0kg，平均 666.7m^2 产 513kg，居 12 个参试品系（种）第一位。同年参加全国区试最高 666.7m^2 产 605.59kg，居参试品系（种）第一位。经省农科院旱作所连续 3 年鉴定，石家庄 8 号抗旱、节水性能表现突出，在水处理（4 水）情况下 666.7m^2 产 532.6kg，节水处理（2 水），平均 666.7m^2 产 486.5kg，全生育期一水不浇，666.7m^2 产 273.8kg，在各种水处理中产量均居首位，是一级抗旱品种。籽粒蛋白质含量 13.79%，沉降值 12.5%，湿面筋 28.9%，干面筋 9.3%，形成时间 1.0min，稳定时间 0.6min。

　　适宜播期 10 月 1～10 日，基本苗 210 万/hm^2，底肥磷酸二铵 300kg/hm^2，尿素 150kg/hm^2，起身、拔节期两次追施尿素总量210kg/hm² 左右。保证起身拔节和抽穗扬花两次关键水，注意防倒。播前进行种子处理，做好后期病虫除治。

适宜种植范围包括冀中南及黑龙港，黄淮北片的山东，山西，河南，陕西等省大部分麦区。

8. 河农822

河北农业大学刘桂茹教授主持培育，利用88S522作母本，92（698）作父本进行杂交，2001年培育而成。2004年通过9月通过河北省农作物品种审定委员会审定（编号为冀审麦2004002）。

属半冬性中熟品种，生育期239天左右。幼苗半匍匐。叶片浅绿色，前期生长发育快，茎蘖整齐健壮，长势好成株株型较紧凑，株高74cm左右。穗纺锤形，短芒、白壳、白粒、硬质。穗粒数31个左右，千粒重41g左右，容重774g/L左右。分蘖力较强，抗倒性较好，抗寒性较好，熟相较好。2002～2003年两年河北省农林科学院植物保护研究所抗病鉴定结果：条锈3级，叶锈3级，白粉2～3级。

2002年冀中南优质组冬小麦区域试验结果，平均666.7m²产450.12kg；2003年同组区域试验结果，平均666.7m²产437.80kg；2003年同组生产试验结果，平均666.7m²产442.26kg。2004年冀中南水地组生产试验平均亩产521.67kg。2002年、2003年和2004年3年河北省农作物品种品质检测中心检测结果分别为：籽粒蛋白质16.56%、16.60%和16.06%，沉降值31.6mL、33.6mL和32.6mL，湿面筋40.5%、40.1%和39.9%，吸水率61.0%、60.8%和61.8%，形成时间4.0min、2.9min和3.4min，稳定时间3.5min、2.8min和6.2min。

适宜播期为10月1～10日，亩播量10kg左右，播前浇足底墒水，施足底肥，返青期及早浇水，重施起身拔节肥，根据墒情，浇好挑旗、开花、灌浆水。并注意防治地下害虫、蚜虫和白粉病。

该品种适宜在冀中南地区中等及以上水肥地块种植，

9. 石麦15

石家庄市农业科学研究院、河北省农林科学院遗传生理研究所利用 GS 冀麦 38 作母本，92R137 作父本进行杂交，2002 年选育成功。2005 年通过河北省农作物品种审定委员会审定（编号为冀审麦 2005003）；2007 年通过国审（编号为国审麦2007017）。

半冬性，中熟，成熟期比对照石 4185 晚 1 天左右。幼苗匍匐，长势壮，分蘖力强，成穗率高。株高 78cm 左右，株型紧凑，秆细，旗叶小而上举，叶片卷曲，穗下节短，穗层整齐。穗纺锤形，穗小，小穗排列密，长芒，白壳，白粒，籽粒饱满，半角质。平均亩穗数 43.5 万穗，穗粒数 35.6 粒，千粒重 38.4g。抗倒性一般。成熟落黄较好。抗寒性鉴定：抗寒性好。抗病性鉴定：中抗秆锈病，慢叶锈病，中感至高感条锈病，高感赤霉病、纹枯病、白粉病。

2006 年、2007 年分别测定混合样：容重 789g/L、784g/L，蛋白质（干基）含量 13.48%、14.01%，湿面筋含量 30.1%、31%，沉降值 20.0mL、18.8mL，吸水率 56.0%、56.9%，稳定时间 2.0min、1.4min，最大抗延阻 119E.U、88E.U，延伸性 11.6cm、11.8cm，拉伸面积 20cm^2、14cm^2。

2005～2006 年度参加黄淮冬麦区北片水地组品种区域试验，平均 666.7m^2 产 523.8kg，比对照石 4185 增产 5.24%；2006～2007 年度续试，平均亩产 531.3kg，比对照石 4185 增产 4.03%。2006～2007 年度生产试验，平均 666.7m^2 产 575.2kg，比对照石 4185 增产 4.34%。

适宜播期 10 月 1～15 日。应严格控制播种量，每 666.7m^2 适宜基本苗高水肥地 15 万～18 万苗，中水肥地 18 万～20 万苗。

后期注意防病。高水肥地注意防倒伏。

适宜在黄淮冬麦区北片的山东、河北中南部、山西南部中高水肥地种植。

10. 廊研 43

河北省廊坊市农林科学院利用 0591 作母本，京 411 作父本进行杂交，2002 年育成。2005 年 9 月通过河北省农作物品种审定委员会审定（编号冀审麦 2005013）。

全生育期 253 天。幼苗半匍匐。株型紧凑，分蘖力中等。平均株高 74.5cm。穗数 718.5 万/hm^2。穗纺锤形，长芒，白粒，籽粒饱满。平均穗粒数 28.6 个，千粒重 40.4g，容重 790g/L。熟相一般。抗倒能力较强。抗寒性一般。河北省农林科学院植物保护研究所抗病坚定结果：2004 年条锈病 2 级，叶锈病 3 级，白粉病 3 级。2005 年条锈病 2 级，叶锈病 3 级，白粉病 3 级。

2004 年冀中北水地组冬小麦区域试验平均产量 7 192.5kg/hm^2；2005 年同组区域试验平均产量 6 676.5kg/hm^2；2005 年同组生产试验平均产量 6 847.5kg/hm^2。2005 年河北省农作物品种品质检测中心检测结果：籽粒蛋白质 15.16%，沉降值 30.6mL，湿面筋 32.3%，吸水率 57.0%，形成时间 3.2min，稳定时间 3.2min。

10 月 1 日为适宜播种期。播量 225kg/hm^2，每晚播一天加大播量 7.5kg/hm^2。播种行距宜窄，不超过 12cm。总肥量 450kg/hm^2 二铵，375kg/hm^2 尿素。

适宜河北省中部冬麦区（含廊坊、沧州、保定北部）中、高水肥条件下种植，并注意防止冻害。

11. 唐麦 8 号

河北省唐山市农业科学院 2003 年培育而成。2006 年 9 月通过河北省农作物品种审定委员会审定（编号为冀审麦 2006004）。

该品种冬性，全生育期 255 天左右。幼苗半匍匐，分蘖力强，穗数 628.5 万／hm² 左右，穗层较整齐，有杂株．成株株型较松散．株高 72.5cm 左右。穗长方形，长芒、白壳、红粒、硬质，籽粒较饱满。穗粒数 31.2 个，千粒重 43.1g，容重 774.4g/L。熟相一般。抗倒性较强。河北省农林科学院植物保护研究所抗病性鉴定结果：2003～2004 年度条锈病 3 级，叶锈病 3 级，白粉病 4 级，2004～2005 年度条锈病 3 级，叶锈病 2 级，白粉病 3 级。

2003—2004 年度区域试验，平均产量 6 870.2 kg/hm²；2004—2005 年度区域试验，平均产量 6 701.7 kg/hm²；2005～2006 年度生产试验，平均产量 6 488.6 kg/hm²，2005 年河北省农作物品种品质检测中心检测结果：籽粒蛋白质 15.8%，沉降值 21.4mL，湿面筋 37.0%，吸水率 61.3%，形成时间 1.8min，稳定时间 1.5min。

适宜播期为 9 月 25 日至 10 月 5 日。适宜播量 150～225kg/hm²，基本苗 330 万／hm² 左右，晚播适当加大播量。施足底肥，浇好冻水。根据土壤墒情，春第一水在返青后至拔节前。浇好抽穗、扬花、灌浆水。注意防治蚜虫和白粉病。

适宜河北省中北部冬麦区中、高水肥条件下种植。

12. 保麦 9 号

河北省保定市农业科学研究所利用保 1353 作母本，91 品 9 作父本杂交，2001 年育成．2006 年 9 月通过河北省农作物品种审定委员会审定（编号为冀审麦 2006003）。

该品种属冬性，全生育期 255 天，幼苗半匍匐，分蘖力较强，穗数 624 万/hm²，穗层较整齐，成株株型较松散。株高 74.2cm 左右。穗长方形，长芒、白壳、白粒、硬质，籽粒较饱满。穗粒数 28.7 个，千粒重 47.5g，容重 781.8g/L。抗倒性和抗寒性中等。熟相较好。河北省农林科学院植物保护研究所抗病性鉴定结果：2003～2004 年度条锈病 2 级，叶锈病 4 级，白粉病

4级；2004—2005年度条锈病3⁻级，叶锈病3级，白粉病3⁻级。

2003—2004年度区域试验，平均产量6 854.4 kg/hm²；2004—2005年度区域试验，平均产量6 833.6 kg/hm²；2005—2006年度生产试验，平均产量6 599.7 kg/hm²。2005年河北省农作物品种品质检测中心检测结果：籽粒蛋白质14.95%，沉降值20.4mL，湿面筋35.0%，吸水率63.8%，形成时间2.0min，稳定时间1.4min。

13. 北农9549

国审麦2003041，品种名称：北农9549，由北京农学院选育。

特征特性：冬性，中熟，成熟期比对照京冬8号晚2天。幼苗半匍匐，生长健壮，植株繁茂，分蘖力中等。株高83cm，抗倒伏能力强。穗纺锤形，长芒，白壳，白粒，籽粒角质。成穗率中等，平均亩穗数40万穗，穗粒数28粒，千粒重45g。越冬百分率84.3%，抗寒性比对照京冬8号（越冬率96%）差。中抗至中感条锈病，高感叶锈病和白粉病。容重780g/L，粗蛋白含量14.9%，湿面筋含量30.1%，沉降值21.4mL，吸水率64.6%，面团稳定时间1.2min。2003年生产试验平均亩产453.3kg，比当地对照增产3.8%。

栽培技术要点：9月底至10月初播种，每亩基本苗20万株。采取适当晚播和浇越冬水防止冻害，施足底肥，重施拔节肥，管理上保证适当穗数的基础上，充分发挥个体优势。后期注意防治白粉病。

适宜在北部冬麦区的河北省北部、山西省中部、天津市、北京市高中肥水地麦田种植。

14. 京冬17

由北京杂交小麦工程技术研究中心育成，2006年通过北京市农作物品种审定委员会审定。冬性。中早熟，抽穗成熟期同京

411。幼苗半匍匐，叶色浓绿，分蘖力中等，叶片上冲，株型紧凑，株高75cm左右。分蘖成穗率中等，穗纺缍形，长芒、白壳、白粒，穗大粒多，千粒重较高。千粒重44.2g。抗寒性中等，中至高抗条锈病、高感叶锈和白粉病。两年区试平均产量水平440kg/亩，比京411增产6.89%。播期以10月1~5日为宜，基本苗20万~30万/亩。适宜地区在北京地区中上至高肥地块种植。

15. 中旱111

中国农业科学院作物育种栽培研究所育成。2005年通过北京市审定。该品种冬性，中熟，长芒，白壳，白粒，穗圆锥形，穗粒数30粒左右，千粒重44g。幼苗半匍匐，生长苗壮，分蘖力强，成穗率高。株高85cm左右。茎秆坚韧，抗倒伏，抗条、叶锈病，白粉病轻。抗寒、抗旱，耐盐碱，抗干热风，成熟落黄好。2000年天津市水地平均产419kg/亩。北京地区9月25至10月5日播种，基本苗25万~35万/亩，水地20万~30万/亩。旱地种植在早春压麦，保墒增温；水浇地则主攻拔节水肥。适宜北京市、天津市、河北省中北部以及山西省中部和东南部地区种植。

附　廊坊市地方标准
中麦 175 小麦高产栽培技术规程

一、范围

本标准规定了中麦 175 生产的产地环境条件、产量指标、田间管理措施、病虫害防治等技术要求。

本标准适用于廊坊市土壤肥力中等以上的地块生产。

二、规范性引用文件

下列文件中的条款通过本标准的引用而成为本标准的条款。凡是注日期的引用文件，其随后所有的修改单（不包括勘误的内容）或修订版均不适用于本标准，然而，鼓励根据本标准达成协议的各方研究是否可使用这些文件的最新版本。凡是不注日期的引用文件，其最新版本适用于本标准。

GB 1351，小麦。

GB 4404.1，粮食作物类种子，禾谷类。

GB/T 8321（所有部分），农药合理使用准则。

三、环境条件

1. 土壤条件

土层深厚，土壤肥沃，通透性和保水保肥性能良好，一般土壤有机质含量 1% 以上，速效氮 70mg/kg 以上，速效磷 20mg/kg 以上，速效钾 90mg/kg 以上。

2. 水浇条件

水浇条件好，灌水设施完备，保证全生育期浇 3～4 次水。

3. 前茬作物

前茬通常为玉米、棉茬或无作物。

四、产量指标

本标准的产量构成为 666.7m² 穗数 45 万穗以上，穗粒数 30 粒以上，千粒重 40g 以上，产量指标 666.7m² 产 450～500kg。

五、生产技术要求

1. 品种特性

冬性，中早熟，全生育期 251 天左右。幼苗半匍匐，分蘖力和成穗率较高。株高 80cm 左右，株型紧凑。穗纺锤形，长芒，白壳，白粒，籽粒半角质。平均亩穗数 45.5 万穗，穗粒数 31.6 粒，千粒重 41.0g。

2. 播前准备

（1）浇足底墒水。麦播前若无 50mm 以上的降水，要浇足底墒水，即 666.7m² 浇 40～50m³ 水，使土壤湿度应保持在田间持水量的 70%～80%。

（2）种子处理。

①精选种子：去掉破碎、发霉变质籽粒和秕粒。种子质量应达到 GB 4404.1 的规定。

②药剂拌种：用 50% 辛硫磷乳油 1kg，对水 30～50kg 可拌种 500kg 以防治地下害虫。用 12.5% 禾果利或 50% 多菌灵可湿粉剂按种子量的 0.25%～0.3% 拌种来防治小麦黑穗病、纹枯病、白粉病等病害；先拌杀虫剂后拌杀菌剂。也可选用包衣麦种。

（3）施足底肥。根据 666.7m² 产 450～500kg 的产量指标，需 666.7m² 吸收纯氮 12～16kg、P_2O_5 7～9kg、K_2O 5～7.5kg。

氮肥施肥可分底肥、追肥，底：追按 1：1。一般播前 666.7m² 施有机肥（优质农家肥）2 000 ~ 3 000kg，专用肥 30 ~ 35kg 或磷酸二铵 20 ~ 25kg、硫酸钾 16 ~ 18kg，硫酸锌 1 ~ 1.5kg。

（4）深耕精细整地。前茬作物收获后及时灭茬、深耕、耙磨，深耕深度一般在 20cm 以上。整地要求土地平整、细碎、上虚下实，无明暗坷垃。

3. 播种

（1）适宜播期。当日平均气温 18 ~ 16℃ 播种为宜。近年来廊坊市以 10 月 1 ~ 10 日为适宜播种期。

（2）适宜播量。在适宜播期内，666.7m² 播种量以 10 ~ 15kg 种子为宜。若晚于适播期播种，每晚播 1 天 666.7m² 土地增加 0.5kg 种子。

（3）播种方式。一般采用 15cm 等行节水种植，播深 3 ~ 4cm。播种后要及时镇压，使种子与土壤紧密接触，利于吸水发芽。

4. 田间管理

（1）冬前及冬季田间管理（指出苗始至返青前）。

①查苗补种：小麦出苗后及时查苗。在 10cm 行长内无苗为缺苗，16.7cm 行长内缺苗为断垄，对缺苗断垄的地块要及时补种本品种。补种要在 1 ~ 2 叶期内完成。若 3 叶期以后的地块出现缺苗断垄，应在分蘖期以后进行疏苗移栽。

②浇冬水：一般 11 月下旬浇好冬水，并及时挠麦以弥合裂缝保苗安全越冬。冬灌适宜的日平均气温以 3 ~ 5℃ 为宜。应掌握"昼消夜冻"的原则。

③禁止冬季麦田放牧。

（2）春季田间管理（指小麦返青至孕穗）。

①返青期（正常年份小麦在 3 月上中旬返青）：主要进行中耕锄划、提温保墒等农事活动，促苗早发。

②起身期（正常年份在 3 月下旬进入起身期）。

第一，化学除草：666.7m^2 用 10% 麦乐 8g 或 70% 杜邦巨星 1g 加水 30 ~ 40kg 或 72% 2, 4-D 丁酯 50mL 加水 40 ~ 50kg 进行均匀喷雾。注意不重喷，不漏喷，避免风天操作。

第二，化控防倒：对有倒伏危险（666.7m^2 总茎数超百万）的麦田，666.7m^2 用 200mg/kg 多效唑 30kg 全田喷雾，或 666.7m^2 用"壮丰安"植物调节剂 40g，对水 30 ~ 40kg 全田喷雾，注意喷均，不重喷、不漏喷。

③拔节期（正常年份 4 月上中旬）。

第一，春季第一次肥水　拔节要施用春季第一次肥水。一般 666.7m^2 浇水 40 ~ 50m^3，结合浇水 666.7m^2 追施尿素 15 ~ 20kg。第一次肥水的时间要根据苗情而定，若 666.7m^2 群体在 70 万 ~ 80 万，应在拔节初进行；若超过 80 万或近百万则要在拔节中后期进行。

第二，吸浆虫防治　小麦吸浆虫防治最佳期为蛹期，而小麦拔节期至孕穗期正是小麦吸浆虫幼虫上升到近地表 2 ~ 3cm 化蛹的时期。666.7m^2 用 5% 毒死蜱粉剂 600 ~ 900g 配制毒（沙）土 25 ~ 30kg 顺麦垄撒施，再浇水。

（3）后期田间管理（抽穗至收获）。

①浇好开花灌浆水：即在小麦开花后 7 ~ 10 天浇灌浆水，666.7m^2 用水 40 ~ 50m^3，以延缓小麦衰老，提高千粒重。

②叶面喷肥：在小麦开花后喷施 1 ~ 2 次磷酸二氢钾溶液，每亩用磷酸二氢钾 150 ~ 200g 加水 50 ~ 60kg 喷施茎叶，防止植株早衰。叶面喷肥也可与本标准 5.4.3.3 "一喷三防"措施结合起来。

③落实一喷三防措施：小麦开花后 3 ~ 6 天，666.7m^2 用 10% 吡虫啉可湿性粉剂 10g、20% 粉锈宁乳剂 50mL 和磷酸二氢钾 150g 混配，对水 50kg，全田喷雾，可有效地防治小麦白粉病、

蚜虫及干热风，达到一喷三防的目的。

④去除杂株杂麦：小麦抽穗后至收获前均可进行杂株杂麦的去除，并带到田外销毁，保证田间纯度和整齐度。

5. 适时收获

当籽粒进入蜡熟末期，含水量在25%左右，籽粒已表现出全部品种特征，干重不再增加应适时机械收获。

参考文献

［1］华南农学院，河北农业大学．植物病理学．北京：农业出版社，1980.3

［2］李晋生，阎宗彪．小麦栽培二百题．北京：农业出版社，1986

［3］侯忠祥．小麦高产理论及栽培技术．石家庄：河北科学技术出版社，1993

［4］曹广才．华北小麦．北京：中国农业出版社，2001

［5］科学技术部中国农村技术开发中心．冬小麦良种生产综合技术问答．北京：中国农业科学技术出版社，2006

［6］陈秀敏，李科江，贾银锁．河北小麦．北京：中国农业科学技术出版社，2008

［7］农业部小麦专家指导组．小麦高产创建示范技术．北京：中国农业出版社，2008.8

［8］贾银锁，郭进考．河北夏玉米与冬小麦一体化种植．北京：中国农业出版社，2009.1